関数電卓がすごい

芝村裕吏
Yuri Shibamura

ハヤカワ新書 027

はじめに

この項の４行まとめ

・この本は数学とも関数電卓とも縁遠い人向けに書かれた初心者本である。
・数学が何の役に立つのかという疑問にもある程度は答えることを目指す本である。
・世界的な関数電卓の隆盛と日本の現状には大差があり、これは教育制度の差である。
・この本を読むことで、関数電卓を少し使って人生によい影響をもたらすことを願う。

本書が編まれた理由

まとめは上にありますから、少しの回り道、経験をお話しすることをお許しください。

この本は筆者の個人的な体験と思いから編まれることになったものです。

私はゲームデザイナーとして、また作家として相応の成功を収めてきたと思っています。一流よりも少し下のプロ野球選手の年俸と同じくらいは稼いでいますから、日本では、まあまあ成功しているほうだと思います。お金で評価するなとお叱りを受けるかもしれないのですが、この本は関数電卓の本でして、数字を語らないことには始まらない、というわけです。

関数電卓は素晴らしいツールですが、些細な欠点として数字しか使えない弱点があります。ですから、このツールを使う第一歩として、数字を意識していただければと思います。

お金は時間とともに、最も身近な数字のひとつです。

ゲームデザイナー、作家である私が、なぜ関数電卓の本を書くことになったのか。理由は簡単で、私は普段からこの種の話をSNSなどでしているためです。それが編集者の目にとまって本を書きませんか、という話になったわけです。

啓蒙、というほどでもないのですが、私が人生においてまあまあの成功を収めたのはファンのおかげでして、せめてもの恩返し、あるいはファンにこそ成功してほしいという欲から、私はSNSなどを通じてよくこの手の話をしています。

長い間仕事をしていますと、親子孫の三代で私のゲームを遊んでおられる方や、娘がハマっているゲームの生みの親は、お父さんが高校生のときもゲームを作ってたぞ、とかそういう話が出てきます。ファンの方が私に知り合いみたいな親近感を持つように、私も同じように、ファンに親近感を持っているわけですね。

ぜひ、私のファンは成功してほしい。人生をうまくやってほしい。親近感ゆえに、そう思っています。

同時に、私のファンがビジネスで成功するなり人生で成功なりすれば、私自身がもっと儲かる。そういう実体験もあります。

私のファンの成功は、私の成功でもある、というわけです。私のファンだった子供たちが、長じて腕利きの編集者やプロデューサーになり、仕事依頼をしてくれて今の私があるわけですから、これに続く成功者がもっと出てほしいと思っています。

もっとも、SNSでの発信は悪いわけではないのですが、どうしても細切れになって込み入った説明をするのに向きません。そこで本、というわけです。この形態なら、しっかりとためになるお話をすることができる、と考えました。

ファンのため、ファンのためというけれど、それ以外の人はどうなのか。そう思われる方もいらっしゃるでしょう。

世の中は面白いもので、ファン以外の方がSNSで私の発言を見て、ためになったと感じてお礼代わりに私の作品を買ってくれて、そこからファンになったというケースも結構あります。むしろSNS経由で私のファンになった人の多くはこのケースです。たまに作家としてこれはどうなのと思うときもあるのですが、現実にそういうファンがいる以上、これもまたゲームデザイナーの仕事のひとつだと思っています。

関数電卓とは文字通りに関数を扱うことができる電卓です。普通の電卓では面倒くさい計算を簡単にやってくれるために大変便利な道具で、日本以外ではかなり普及しています。

私の場合ですと、関数電卓がないと仕事になりません。

ゲームデザイン業も作家業も、個人事業主としても、関数電卓がないとたちまちのうちに窮地に陥ってしまうでしょう。

もちろん、道具だけあればいいという話でもありません。今の私のまあまあの成功は、学生時代に培った数学的な考えあっての話だったりします。ですので、この本ではその二つをセットにしてお話しします。

体験談その１

昔、アメリカに渡ってすぐの私は、英語学校に通っていました。高等教育を受けるにあたって必要な分の英語力を身につけろ、という留学先の方針によるものです。そして英語を学ぶ間は他に何をしているかというと、私の場合は暇なので数学の学校に通っていました。単科大学ですね。言葉はわからなくても数字はわかる、というわけです。

そこの入学試験では関数電卓が必須でした。それまでCASIOのポケコン（ポケットコンピューター。今は絶滅して存在しない製品カテゴリーです）を愛用していたので、関数電卓は若干後戻りしたような気になったものです。

さらには、指定された関数電卓が使いにくくて、ものすごくつらかった覚えがあります。それが関数電卓との出会いだった気もします。

入学後、そこにはすごい数学者の卵たちがゴロゴロしていたのですが、みんな電卓（関数電卓）を使っていました。

私が暗算するとみんな電卓を叩いて数字が合っている

ことに驚愕し、大いに褒められたのでいい気になっていましたが、のちにそれは、チェスを打つ犬を褒めるのとあんまり変わらないことに気付いて腹立たしい気がしました。向こうでは、（電卓を使わない）計算能力は曲芸、隠し芸の扱いだったのです。

その後、勉強を除くと、税金と保険の計算に関数電卓を使っていました。個人的な話ですが、返還型の奨学金（というか「学生ローン」）の計算、要するに返済計画作成に関数電卓は大活躍し、プログラミングのアルバイトでも関数電卓を使いました。当時はプログラミングにおいても関数電卓の出番があったのです。

この経験で得たこと。それは数学力と計算力は全然違うということでした。日本ではごっちゃになっていますが、アメリカでは明確に分けられており、もっと言うと、「計算力は電卓を使えばいいじゃん。暗算？　日本人は電卓も使えないくらい貧しいの？」という感じだったのです。

体験談その2

日本に帰ってきた私は日本では異様に電卓を使わないことにびっくりしました。そういや我が国はそうだったと思い出したわけですが、最初はとても違和感がありました。

なぜ違和感があったのかというと、わざわざ損をしたり、面倒くさいことをやっているように見えたのです。

ゲーム業界に入り、転職し、作家業もはじめ……そうやって日本でキャリアを重ねるうち、以下のような質問を何度も受けました。

「数学ってなんの役に立つんですか（立たないでしょ?)」
「いつもボタン沢山の電卓を使ってますよね、何をそんなに計算することがあるんですか?」

これは落とし穴でいっぱいの家に住んで、無意識に落とし穴を回避して1m先のこたつに入るために一度家から出て戻ってくるような人たちが、落とし穴に板を渡している人をバカにしているようなものです。

それはそれで文化だし歴史だとは思うのですが、人によってバカに見えるのは致し方ないと思います。また、それ以外のやり方を知っていてもいいんじゃないかと思います。

この本は、
「数学ってなんの役に立つんですか（立たないでしょ?)」
「いつもボタン沢山の電卓を使ってますよね、何をそんなに計算することがあるんですか?」
という質問に対する回答です。

必然、この本は数学とも関数電卓とも縁遠い人向けに書かれた初心者本になると思います。

筆者の狙いはおいて、今回の主役である関数電卓の話をしましょう。

世界的なお話をすると、関数電卓の需要は年々増えています。大学教育の場からは関数電卓を放逐してもいいんじゃないかという話もありはするのですが、教育、保険、エンジニア、土木工事の現場などを中心に需要は旺盛にあり、膨大な数が生産出荷されています。あまりに需要があるのでお手持ちのスマホの標準機能にもなっています。

といっても、これは日本以外の話。日本は珠算（そろばん）やそこから来る暗算が強かったこともあり、電卓は諸外国ほど普及していません。

しかしその割に、現代の人は昔ほど珠算をやっていません。結果として今の日本は計算力の劣る現代人が計算力の高い昔の人目線で「電卓なんているんですか？」などと語っているわけです。

学校のカリキュラムでも関数電卓の普遍的な使用からはほど遠い状況です。数学の比重が軽い文系の人ほど計算機に頼ってもよさそうなものですが、そうなっていません。結果どうなっているかというと、それとは知らず人生の苦行を強いられています。

この本を読むことで、それらの苦行が和らぎ、人生によい影響をもたらすことを願っています。

目　次

はじめに ……… 3
関数電卓の簡単な解説 ……… 12

第0章　この本の立ち位置と姿勢 ……… 21

この本を読まなくていい人 ……… 23
啓蒙は厳禁 ……… 24
ルールが違うと別ゲーム ……… 26
この本が役立つ人　他の本ではつらい理由 ……… 30
関数は函数　函の中身は知らないでも使えるのが強み ……… 36
数学、計算との付き合い方を変える提案 ……… 38

第1章　おためし　簡単な式を使ってみよう ……… 43

人生の残り時間と電卓のお供 ……… 45
紙とペン、それから電子辞書 ……… 48
電卓は何を買えばいいの？ ……… 50
どんな人でも使う数字
……お金とカレンダーと時計､カロリー ……… 54
お金にまつわる4つの基本的な計算式
……年間雑費、予算計画計算、転職計算、購入価値計算 ……… 54
式の変形（遊び） ……… 55
予算計画計算 ……… 56
大人版四つの財布 ……… 59
転職計算 ……… 60
購入価値計算 ……… 64
カレンダーにまつわる3つの計算式
……コツコツ算、締切計算、時間予算 ……… 68
コツコツ算 ……… 69
締切計算 ……… 71
時間予算 ……… 75
カロリーにまつわる2つの計算式　①ダイエット計算 ……… 81
カロリーにまつわる2つの計算式　②ジュール換算 ……… 83
得をするための期待値計算 ……… 84
計算結果をどう使えばいいの？ ……… 86

第2章　役立つ計算式を使ってみよう ……… 89

東京ドーム計算じゃわからない人のための関数（$\sqrt{\ }$） ……… 91
指数とは何か ……… 98
複利計算について ……… 100
年利とものの価値 ……… 106

対数を使おう　自然対数と常用対数 ……… 107
log と ln ……… 111
微妙なる $1/X$ について ……… 114

第3章　読者の役には立たない!?
関数電卓のスターたち ……… 117

三角関数の話 ……… 119
三角比からの三角関数 ……… 122
三角関数を使うケースを考えてみよう ……… 133
双曲線について ……… 139
双曲線の利用と計算 ……… 143
確率の計算～ガチャの確率～ ……… 145
ガチャの確率を計算しよう ……… 146
nPr と nCr ……… 148
プログラミング機能 ……… 152
メモリー機能について ……… 155
関数電卓に出てこない微積分 ……… 157
微分積分の概念の説明 ……… 163
関数電卓での微分積分 ……… 165

第4章　自分なりの式を作ってみよう ……… 167

重要なこと　間違えても適当でも問題ない ……… 170
完璧を目指さない ……… 171
計算した段階では何も起きていない ……… 173
問題の作り方 ……… 174
数字への変換 ……… 176
足し算だけではリアルじゃない ……… 181
グラフを眺めよう ……… 185
関数に手を入れよう ……… 187
最後に試算してみよう ……… 188

第5章　生活の中で計算してみよう ……… 191

歴史を数学で考える ……… 193
家が片付かない独身の人間はなんの夢を見るか ……… 198
ニュースと電卓 ……… 202
モチベーションアップのための試算 ……… 205
手段の評価関数 ……… 210
終わりの前に ……… 214

あとがき ……… 216

※本文中の数値は実際の値を適宜四捨五入して示しています。

関数電卓の簡単な解説

iPhone/Android（スマホ）

特徴：

・誰でも持っている

・機能は不十分。足りないところはアプリで補えというスタイル

・マニュアルやドキュメントが少なく、困ることもしばしば

解説：

関数電卓は日本以外では広く使われているのでスマホの標準機能にもなっています。電卓アプリを立ち上げて横画面にすると関数電卓に切り替わります。

それなりにいろいろな計算はできるのですが、なぜか時間計算（度数計算）はできなかったりします。とっても不思議な仕様なのですが、それ以外は一通りあるので用途を絞った計算にはよいと思います。

しっかりしたマニュアルがないのも弱点です。使い方は可能な限りこの本で説明します。

iPhone シリーズの電卓アプリの画面

横にすると……

EL-501T　SHARP

特徴：

・最安値（1,000円を切ることも）

・小型軽量

・機能十分

解説：

1行タイプの関数電卓。2023年登場のニューフェイスです。必要十分な機能を最小限のサイズかつ最安値で売るというコンセプトで、ボタンサイズもかなり頑張っており、速打ちにも対応しています。普段遣いならこれでいいでしょ、という自信すら見え隠れする名品です。

弱点としては計算式を確認できないことで、ここは（普通の電卓である）商用電卓と同じです。

商用電卓と比較して、ない機能としては税込みボタンがありません。一方で普通の電卓に見られるM+（メモリープラス）ボタンがこの機種にはあって、ここは商用電卓と同じ感じで使用できます。

他に、＝ボタンが大きくて計算しやすい特徴があります。日常的な四則演算が多いなら、この機種のほうが使いやすいと思います。

1行タイプですが「1+2×3」で「7」、と正しく表示することができますし、カッコも使えますので、普通に運用する分には式を電卓がわかるように変形させる必要がありません。これはヒューマンエラーを減らし、数学の知識がない人でも正しく計算してくれるので、とても良いところだと思います。筆者は3台持って使っています（出張用、職場用、寝室用です。計算したいときに近くにないと面倒なので……）。

SHARP
SCIENTIFIC CALCULATOR EL-501T
DEG
STAT
M
1234567890.
-99
×10
DRG
TAB
RESET
OFF
2nd F
DRG
F↔E
ON/C
arc hyp
hyp
sin
cos
tan
CPLX
STAT
CE
→DEG
ln
log
a
b
Exp
RCL
STO
M+
DATA CD
MDF
RANDOM
→OCT
→BIN
→DEC
→HEX

fx-JP500CW　CASIO

特徴：

・日本語表示
・高精細表示
・UIの使いやすさ
・説明書がWEBデータに
・機能満載

解説：

教科書通りに入力・表示ができる「数学自然表示」に対応したモデルです。式を見ることができますし、バックスクロールもできますので、入力ミスを確認しながら使うことができます。計算法がわからなくても式をそのまま入力できるのは大層な強みです。最新モデルであるこのCWでは表面処理が見直されて視認性が向上しています。

この機種も%ボタンなどはありません。+/−の符号切り替えボタンもありません。変数機能は充実しているので、数値の記憶には困らないでしょう。×10のX乗ボタンがついているので、お金の計算など、0の多い計算をやるときにはとても計算しやすい特徴があります。

分数表示に対応しています。答えも切り替えることができます。

カタログ機能があって、計算の機能を日本語で探して使えるのは大きなところです。ボタンを探して彷徨わないでもいいわけです。たまにしか使わない機能を探すには大変便利です。もちろん独立したボタンもあるので、よく使うのであれば入力でもたつくこともありません。

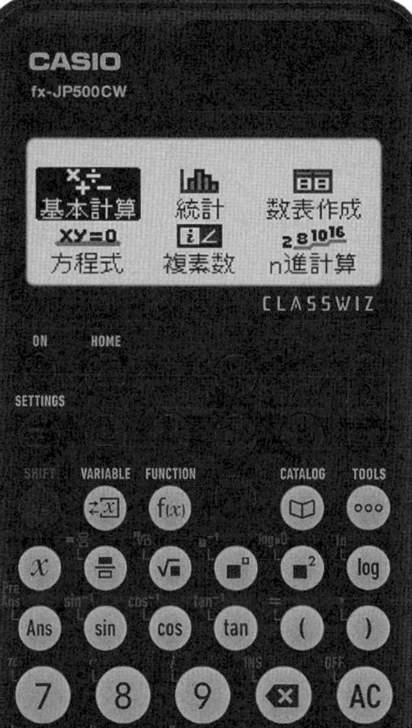
CASIO
fx-JP500CW
基本計算
統計
数表作成
方程式
複素数
n進計算
CLASSWIZ
ON
HOME
SETTINGS
SHIFT
VARIABLE
FUNCTION
CATALOG
TOOLS
log
Ans
sin
cos
tan
AC
FORMAT

fx-CG50　CASIO

特徴：

・グラフ機能（カラー表示・3D）
・プログラミング機能
・外部リンク機能（PC、CASIO 製プロジェクター）
・説明書が WEB データに
・機能超満載

解説：

日本で売られている日本メーカーの関数電卓としてはこれが一番多機能でしょう。国内でのフラグシップですね。価格も最高ランクです。約3万円します。機能はびっくりするほど入っており、全部はボタンに割り当てられないのでカタログ機能がついています。この価格帯の関数電卓は商用電卓と比べる意味がないので、比較するようなことはしません。

弱点としては大きく重くて持ち運びに不便なことと、多機能の裏返しで必要な機能を掘り起こすまでに、どうしても操作が煩雑になってしまうことがあります。

グラフ機能があるので、自分で式を作るときは大変に重宝します。もちろん表計算ソフトでもいいのですが……。

プログラミング機能がついています。シミュレーションや同じような計算を頻発させたりするときには大変便利に使うことができます。

プログラミング機能が搭載されている関数電卓はこの機種を除くといずれも現役20年に迫る老兵ばかりですので、実質これ一択、みたいなところがないでもありません……もっと安い機種でも対応してほしいところです。PC を使えばいいだけではあるのですが。

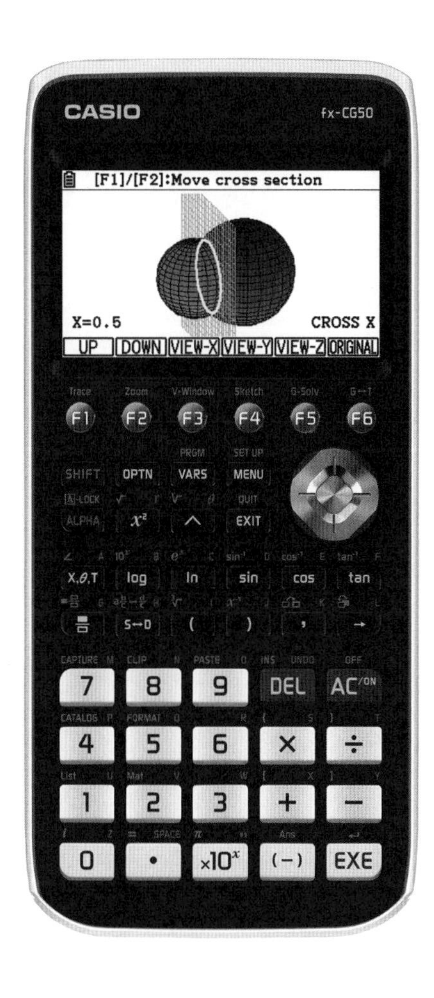

CASIO
fx-CG50
[F1]/[F2]:Move cross section
X=0.5
CROSS X
UP
DOWN
VIEW-X
VIEW-Y
VIEW-Z
ORIGINAL

第 0 章

この本の立ち位置と姿勢

この章の4行まとめ

・関数電卓が役立つ前提で本書は書かれている。
・関数電卓の恩恵にあずかれない理由は教育にある。
・この本は数学とも関数電卓とも縁遠い人向けに書かれた初心者本である。
・数学が役に立つという情報はなぜ一般化しないのか。

この本を読まなくていい人

この章ではこの本の立ち位置と姿勢について説明をします。

最初に重要なことを書いておきましょう。

この本は関数電卓が役立つという前提でお話しをしています。また同時に、この本は数学とも関数電卓とも縁遠い人向けに書かれた初心者本でもあります。

ですから現状関数電卓を日常的に使っていて、日々の生活の役に立っている人にとっては、この本の情報は当たり前すぎて読む必要はないと思います。

一方で先に述べたとおりの意図で書かれていますので、数学とも関数電卓とも縁遠い人にとっては、よい本になりえます。

この本で重視するのは単に関数電卓の使い方というよりも、物事に対する考え方、思想です。

なんで思想や考え方が関数電卓に必要なの？　そう思う方もいらっしゃるでしょうから説明しますと、関数電卓を使いこなせない人、数学が役に立たないと思い込んでいる人、これらに共通する問題として数学の使い方というか考え方、思想が育っていないためです。

数学を使おうという思想がないのだから使わない。数学嫌いの99％はこれです。やればできるけどやろうとしない。これは学校教育のせいです。数学力は試行錯誤をするほど育てられるものですが、そうしていない。なぜかというと手計算をしているからです。数学学習における時間の大部分を数学ではなくて計算をやって過ごしているのですから、数学力が身につくわけがありません。結果、数学的に考えるという練習機会の少ない人がどんどん量産されているわけです。

ここではっきり申し上げますが、数学と計算は別の能力です。これらをごっちゃにして教育している日本のシステムは現実から乖離しすぎています。

現代では手で計算することはまずありません。日本はもう、電卓を買えない貧しい国ではないのです。

逆に言うと少しばかり考え方を学習すれば、関数電卓は便利な道具になり、数学を実生活で役立てることもできるようになります。

この本を読まなくていい人でも、数学が役に立たないと思っている人が何を考えているのかを考える分には、この本は役に立つかもしれません。

啓蒙は厳禁

次に注意点です。この本を数学嫌い、関数電卓嫌いに無理やり渡して啓蒙しようなどとは思わないでください。何の役にも立ちません。

人間は自分を曲げないためにならどんな不合理でも受け入れる生き物です。ですからこの本に書いてあることがすべて正確でも、誰かの自説を曲げたりはできません。自分の意見を変えられるのは自分だけです。他人の意見で意見を変えたと言っている人も、(当たり前ですが)その決断は自分でやっています。

この本はあくまで、自分自身で決めたうえで読むに留めるべきでしょう。

また別の注意点として、この本は意図的に脱線を多くするようにしています。理由は簡単で、数学だけ知っていても数学の活用はできないからです。雑学や周辺知識なしの数学は現実との接点がない、単なるパズルゲームでしかありません。

注意が多くて申し訳ないのですが、実のところ、これはとても大事な数学の作法に沿っていたりします。

その作法とは、最初にお約束をしないと、数学は成立しない、という話です。

私は（アメリカでは不人気なんですが、ジミー・カーター元大統領の真似をして）日曜学校（教会学校）で、数学の苦手な子供たちを結構な数見てきましたが、そのパターンのひとつとしてお約束を飲み込んでない、というものがありました。

たとえば九九を覚えない子は、なんで九九を覚える必要があるのかと、しきりに口にしていました。

図形の問題で面積を割り出してくださいと言われて、線の太さはないものとして扱うというお約束を飲み込めず、それで数学嫌いになっていた子もいます。几帳面に線の太さまで定規で測って計算していたのです。

もともと数学とは（我々が数学を継承発展する上で元になったギリシャ人たちのやり方に沿えば）、いくつかのお約束の上で遊ぶパズルゲームであり、お約束が守られないとゲームとして成立しません。チェスをしているときに負けているほうが暴力に出るようなものです。そして現代の数学、または数学の教育体系はギリシャ人のこのやり方を祖として色々なものを取り込みながら進歩してきていますから、未だに数学の根っこは変わっておらず、数学とは相変わらずいくつかのお約束の上で遊ぶパズルゲームであり、お約束が守られないとゲームとして成立しません。大事なので2回書きました。

そして実用数学だろうと大本の基礎がルール（お約束）の上に立てられているものである以上、最初の約束を守らないととにかくあらゆるところでうまくいきません。

平たく言えば数学にはとにかく絶対、これはこうだとして扱え、という約束＝ルールがいくつかあるのです。

数学を理解するとは数学的な考え方を理解することと同じで、その第一歩としてはお約束を理解する。この本のお約束は先に書いたような内容であると理解してください。

ルールが違うと別ゲーム

先程も書きましたが、私は過去、数学の苦手な子供たちを色々見てきました。そのパターンのひとつとしてお約束を飲み込んでいない、というものがありました。

このなかのひとつで、
「小数点が出てきたときにルールが変わった」
と言って怒る子もいました。怒るかどうかはさておき、数十人に1人の割合でそう思う子がいるのは事実です。

循環少数0.999999……＝1であることを証明する方法は3種類が知られていますが、いずれも小学校では習えません。ですから、小学生にとっては本当にルールが変わったというか、問答無用でひとつお約束が増えているのです。

電卓ではどうかというと、ここで性能差が出てきます。

お手持ちの電卓で1を3で割ってみましょう。より数学的に厳密な答えを出す高級関数電卓だと1を3で割ると分数で1/3と出てきます（小数で表示する際は表示変更ボタンを押すことでこれを行うことができます）。

いっぽう、計算的には正確である必要はありますが、数学的に厳密である必要がない商用電卓では0.333333……と表示されると思います。この数字に3をかけてみましょう。1になりましたか？　1にならない電卓も結構あると思います。商用電卓で1になるものは少数派ですね。この部分で関数電卓かどうかを分けるマニアもいます。

関数電卓でないと1/3と0.333333……が同じではないことがありえる、というわけですね。

この0.999999……＝1の証明については気になる人もいるでしょうからコラムとしてあとで説明します。

ともあれ、ゲームでルールをあと出しされたりすると急にやる気がなくなるのは、数学というパズルゲームでも同じだったりします。この辺をうまく飲み込めるかどうかが数学を好きになれるかどうかの分水嶺です。いいからとにかくこのように覚えろ、とか言うと、理不尽な思いばかりが残ってしまいますので、教えるときには注意すべきでしょう。

逆に、あえてお約束＝ルールを変えることで新しい数学の世界というかパズルゲームの難問群を生み出した例もあります。非ユークリッド幾何学などはこの例です（厳密には変えたというより、ユークリッド幾何学のルール〔公準〕のひとつを使わないようにしたのが非ユークリッド幾何学です）。お約束＝ルールのひとつを意図的に変えてパズルゲームとして再発明したわけですね。言い換えるとこれが数学の進歩の重要な一歩になりました。

数学が苦手になる人と偉大な数学者には、少なくともスタート地点ではほとんど差がない、というお話でした。これを聞いて「偉大な数学者は暇だったんですね」という感想を持つ人も多いかと思います。そのとおりです。世に文系理系などいいますが、その差の実際は僅かなものです。ただ、その後の長い人生で道が分かれたというべきでしょう。それほど長い道を歩いていないのであれば、移るのは簡単です。

コラム

0.999999……=1の証明

循環小数0.999999……＝1の証明法は3つあります。

証明1）1÷3＝0.333333……、また1÷3＝1/3なので、1/3＝0.333333……になります。ここで両辺に3を掛けると1＝0.999999……になります。はい、これでおしまい。

証明2）1－0.999999……＝0.000000……。0.000000＝0なのは明らか。つまり1と0.999999……の差はない、と証明する。

証明3） $X=0.999999\cdots\cdots$ のとき、両辺に10を掛けると $10X=9.99999\cdots\cdots$ になる。

$10X=9.99999\cdots\cdots$ から $X=0.999999\cdots\cdots$ を引くと $9X=9$ になる。つまり $X=1$。はい、証明！

こんな感じで証明します。

コラム

0で割ってはいけません

どんな電卓でも0で割るとエラーになります。

ええ、はい。卒業論文の原稿を見直していて数式の中に0で割っているのを見つけて顔が青くなるとか普通にありますし、皆がうらやむ大先生もそれやらかしているからねと慰められるものであったりもします。私もやらかして途方に暮れたことがあります。

ところで、「なんで0で割れないの？」と疑問に思われる方もいるかもしれません。

これについては掛け算から考えると簡単にわかります。

□÷4=2

この□に入る数字は、2×4で求められます。8ですね。つまり、□÷●=▲のとき、▲×●=□になります。しかし、0で割ろうとすると困ったことが起きます。たとえば、3÷0=▲という式があるとしましょう。▲×0=3にならなければいけませんが、0に何を掛けても0なのはご存じの通り。答えが成立しないのです。

さらに0については、0で割るとあらゆる数が答えとなりうるという性質があります。つまり0で割ると「答えが成立しない」と「成立する」の二種類があってこれがまた事態をカオスにしています。

結局0で割ると不都合が頻出するのでやらないようにしましょうね、ということですね。

この本が役立つ人　他の本ではつらい理由

前節から話をそのまま続けると、関数電卓、または電卓を年単位で使ってない人、素朴な疑問として数学ってなんの役に立つのだろうという人が読むにはこの本はとてもよい本です。少なくともそうあろうとして記述されています。

その上で、この本の切り口としては、他の本（たとえば数学本とか関数電卓の本）は、「わかっている人」向けに書かれていて、まったくの初学者向けの本が存在しない、ということに着目したというものです。
　いわば階段の段数が飛びすぎているのを補完する目的で書かれています。

　なぜ初心者向けの関数電卓本がないのでしょう。理由は簡単で、日本においては関数電卓の出荷台数の多くを教育機関（工業高校、専門学校、高専）が占めており、それら教育機関で関数電卓の使い方を教えているためです。
　逆に言うと、それ以外では関数電卓に触れることがないわけです。
　でも、それではもったいない。
　関数電卓は数学が苦手な人こそが持つべきです。計算という部分の仕組みを知らないでも計算結果は正確なわけですから、苦手な人ほどその恩恵にあずかることができます。
　ただ、数学が苦手な人は数学の利用法もわからない。という問題があるので、そこはこの本でどうにかできればと思います。

　え、そんなマイナーでマニアックな本を書いてもいいの？　と思う方もいらっしゃいます。たまにお叱りのお手紙をいただくこともあります。編集部の企画会議を通っているんだから好きに書かせてよ、とは思うのですが、どうにも心配なさる方はいらっしゃいます。
　ということで、コラムでこの本のような商品の成り立ちをご説明します。
　数学というか数字がなぜ必要なのかがわかりますので、

ぜひ読んでいただければと思います。

コラム

提案型商品

この本のようなものを提案型商品といいます。提案型商品とは、

1：この世には商品というものがあります。
2：商品は需要を満たすために存在します。
3：この本も商品のひとつですから、なにかしらの需要を満たすためにあります。
4：ただし、この本の需要については、ほしい人がそのことにほとんど気づいていません。

これらのうち4を難しい言葉で表現すると、提案型商品ということになります。類例でいえば初代のiPhoneやiPadなどがこれにあたります。本という形での提案型商品は新規レーベルという形を伴うことがほとんどです。はい、この本もそうですね。

提案型商品は当たれば大きいのですが、需要を読み間違えることが多く、往々にしてコケます。

この本を例にするならば、少なくともそれで飯を食っている人たちが少なからずいる以上、数学が役に立つ、関数電卓が役に立つという事実はあります。が、だからといって「それ以外

の人たち」にそれが受けるかどうかはまた別の話というわけですね。

ではどうやって受け入れてもらうのか。

数学的にも経験的にもこの問題の解法は知られていて、いくつかの戦略が存在しています。

よくある解法は、「そもそも提案型商品を作らない」です。これは多くの企業がよくやっています。「大当たりはいらないや」という考えですが、いうまでもなく大当たりが出ないということでもあります。世間というものは薄情なもので、大当たりが出ない会社は世間一般では衰退していると見られます。こういう事態は、大当たりしない限り興味のない人には情報が入らないために発生します。日本企業の多くがこれです。儲けは出しているけどぱっとしない。

次によくある解法は「低予算でたくさんの提案型商品を作る」ことです。数十タイトルのうちひとつでも売れたらそれを大々的に宣伝して知名度やブランドを上げる戦略を取るところも多いです。この本はこのパターンです。

その次が「強い否定的な言葉から入る提案型商品」です。人間は原始時代の名残として否定的な言葉に非常に鋭敏ですので、言い方を変えれば強い否定的な言葉を使うことで遠くまで声を届かせることができます。政治の界隈ではよく使われる方法ですが、出版でも好んで使うところはあります。問題点は品がない、これに尽きます。品がないと位や格が落ち、結果として位や格を気にしない人にしか評価されなくなります。

この他、「新人や新興企業、いわゆるベンチャー企業に提案型商品を作らせてそれを買い上げる（M&Aする）」方式もあります。出版ではあまりありませんが、それ以外の商品やサービスではごく普通に見られる話です。社内で新規の提案型商品を作るとコストが読めないので、それだったら企業買収のほうがいいや、という話ですね。

ここまでで大体の提案型商品に対する戦略を語ってきました。それ以外のパターンももちろんありますが、古すぎるケースやごく少数の例が大部分です。無視してよいと思います。

さて、この提案型商品の解法群のうち、どれを取るのが正解でしょうか。答えはケースバイケースですし、だったら直感でこれが正解と決めてもいいのですが、他人（たとえば上司、株主や出資者）を納得させるなら、という前提がつくと、ここに数字が絡んできます。推理だけじゃなくて数字がほしい、そう言われるのがオチです。

数字があったから当たるかどうかはわからない、というのがフェアな表現だと思いますが、現実において数字は相手を説得する、または黙らせる常套手段です。武器と言い換えてもいいでしょう。

人間の歴史は数学の歴史であり、同時に数学は困ったちゃんを黙らせるために発展してきた、いわば「困ったちゃんとの戦いの歴史」でもあります。

つまり……。

ちょろまかす困ったちゃんがいたので数が生まれ、足し算や引き算が生まれ、地割の面積で、隣よりうちが狭いと言い出す困ったちゃんのために図形の面積計算が始まり、積分が発生し、サイコロ賭博のイカサマと戦うために確率を勉強する……といった具合です。

その中には数学が元々パズルゲームである事実から目を背けて、神の教えかなにかと勘違いして頑迷にしがみついて文句を言う人も含まれます。

数学は楽しく、数学は面白く、数学は美しく、数学は世の役に立ちます。が、現実から目を背けている人を数学は助けたりしません。むしろそういう人は数学に殴られます。数字の読み方や計算のひとつもわからないと、騙し放題、詐欺師はやりたい放題です。そして残念ながら、世の中では数学が苦手な人を数学で殴っても罪に問われません。この本を読み進めるうちに、その実例を何度も見ることになるでしょう。

関数は函数　函の中身は知らないでも使えるのが強み

関数電卓の「関数」は、古くは「函数」と書きました。函は箱という意味です。函をハコとも読むのでそのままですね。ハコに数字を入れて振ると、決まった処理が行われて答えが出てくる装置、これが関数です。そういう意味ではコンピュータープログラムに近い概念だとも言えます。実際、関数型プログラミングという用語もあります。

この関数、苦手な人も多いというか、学生時代の記憶から消えてしまっている人も多いのではないかと思います。

この本では関数の使い方は説明しても、関数の仕組みは特に説明しません。関数を使いこなすのと理解するのはまた別の話だからです。スマホを使いこなしているからといって、スマホの仕組みを詳しく知っている必要はないのと同じですね。

仕組みを説明しないことによるメリットとして、難易度が格段に下がるということがあります。この本の読者に必要なのは、難しいことに対する正確ではあるが退屈な説明、ではなくて、簡単便利な使い方ではないかと思うからです。

関数電卓は幸いにもボタンを押し間違えない限り必ず同じ結果が出ます（それが関数です）から、こういうときにこう使うよ、くらいの説明で済ませようと考えています。

さて、関数を使うメリットはなんだろう、と思われる方もいらっしゃると思います。これは当然かつ素朴な疑問だと思いますので、まずはそこから説明していきましょう。

関数のメリットは記述が簡単になることです。関数の中で一番古そうなのは平方根ですが、これを関数というか$\sqrt{\ }$を使わずに書くと「$A=B^2$のときAに対するBが平方根」となります。意味としては2乗してAになる数がBということです。土地の面積を計算しようと思ったとき、いちいちこういう書き方をし始めていくのが面倒くさいので、関数という便利なものが発明されたというわけです。

$25=5^2$のとき、5が平方根と書くよりも$\sqrt{25}=5$と書くほうが簡潔です。

え、それだけ？　と言われる方もいらっしゃるかもしれません。それだけです。

いわば数学の世界における単語みたいなものですね。りんごをりんごという言葉を使わずに説明すると面倒くさいと思いますが、関数はまさにそれです。

この関数と同じようなものが計算記号です。「5足す3、すると8になる」と書くより「5+3=8」と書いたほうがいいというわけです。歴史的に見るとこの計算記号の延長線上に関数がありまして、この計算処理を簡単に記述しちゃおう、はい。で書き始めたのが関数です。

簡単に書けることに何の意味があるか。面倒くさいことを厭（いと）わない、あるいは毎日計算しない人はそう言います。これは食洗機がほしいと言ってきた配偶者に向かって家事をまったくしないパートナーが、どういう態度を取るかとだいたい同じです。頻度が上がれば上がるほど、ありがたくなるのが計算記号であったり関数だったりするわけですね。
　そう、頻度がいちばん重要なのです。大変面倒くさい計算も一生一度か二度なら我慢することもできるでしょう。面倒くさいがゆえに間違える危険性はあるにせよ、です。しかし毎日何度もやるのであれば、関数は絶大な手間の節減効果があります。
　言い換えると、普通の人が一生に一度やるかやらないかくらいの計算を何度も何回も手軽にやる、これが関数、そしてそれを自動計算できるようにした関数電卓のメリットです。
　そんな計算やらないでしょう、と言う人もいますが、これは因果関係が逆です。計算が簡単だったらやるのです。かつてステレオタイプな日本人像でカメラを持っていたことを笑っていた海外の人たちは、今やスマホのカメラ機能をめちゃめちゃ使っていますし、海外旅行が手軽になったら海外旅行する人が増えたのと同じで、便利（利便性）は人の行動を変えます。
　えー、でもそんなに計算する～？　と困った顔をされる読者もいらっしゃると思います。というよりも、そういう人こそ想定読者ですので、次の章からは身近な計算式の使い方からご説明したいと思います。

数学、計算との付き合い方を変える提案

　さて前フリともいえる第０章ですが、ようやくこれで終わりです。
　この本を通じて、筆者は数学、計算との付き合い方を変える提案をしたいと思っています。
　数学にせよ計算にせよ、人の生活に密接に紐づいています。
　これはよく言われる言葉なのですが、実体験ではそう言われてもピンとこない方も多いと思います。
　なぜかというと、商売になるからです。
　この世の商売の７割は、数学を嫌がる人に対して数学を提供するものだからです。
　こう書くと、そんなに数学って世の中にあるっけな……と思う人もいると思いますが、あるんです。
　あまりもったいぶらずに書きますと、数学も計算も数字を扱うものです。そんなこと知ってるよと思われるかもしれませんが、その数字こそが世界中に溢れているのです。あなたの給料は数字で表現されていますし、時間も数字です。テレビの視聴率もスマホのギガも、料理に使う分量も、お役所の予算配分、みなさんの税金、みんな数字です。これを使うのが数学であるとすれば、私の７割という説明はそこまで過大な見積もりではないことがわかっていただけるのではないかと思います。
　だからこそ、数学にせよ計算にせよ、人の生活に密接に紐づいている、という言葉になるわけですね。
　でもなあ、と思われた方も多いと思います。もう一歩進んだ方の反論を聞くと、だいたい以下のようになります。
「でもですね。この世の商売の７割は数学を嫌がる人に対して数学を提供するものなんだったら、金さえ出せばどうにかなるんじゃないですか」
　あるいは、
「でもですね。この世の商売の７割は数学を嫌がる人に対して数学を提供するものであるなら、それだけ数学が面倒くさいものだってことになるわけでしょ？　面倒くさいのは嫌いなんですけど」
　このような反論が必ず出ます。品のよい方だと心に思うだけで、その後数学教室とかにいらっしゃらなくなります。
　それで、この反論の反論になるのが本書のテーマである関数電卓だったりします。
「金さえ出せばどうにかなるんでしょう？」「その通り。でも節約できそうなら節約するのが賢い生き方だと思いますよ」
　または、
「面倒くさいのは嫌いなんですけど」「はい、ところがこの道具（関数電卓）を使うと簡単に計算できます」
というわけです。
　なにがなんでも絶対嫌い、あるいはやらないというよりは、簡単な概念だけでも理解して、あとは必要に応じて計算する。面倒くささをわかったうえで外注する。そういう生活のほうがいいと思います。それがこの本の提案です。

コラム

関数の拡張

　この世の言葉のほとんど全部が時代とともに意味を拡張していきました。これは数学も同じでして、関数という言葉もその意味の拡張を何度も繰り返しています。
　最新の関数という言葉の定義は「数の集合に

値を取る写像の一種」ということになっています。なんのこっちゃと言われそうですが、その通りです。普通の人からなんのこっちゃと言われるくらいに広い意味の入った定義になっています。そのなかで最大限厳密な定義をしようと頑張った結果、難しい表現になったというわけです。

なぜこうなったのか。

関数が数学の発展に合わせて、拡張に拡張を繰り返してしまったからです。

似た現象はゲームという言葉でも見られまして、遊びとして色々と開拓し、拡張に拡張を重ねた結果、ゲームとはそのなかに色ごとから賭けごと、政治まで含まれる大変な範囲の言葉になってしまっています。長く使われている言葉はこういう、拡張を重ねた結果広い意味になりすぎて意味不明になることがよくあるのですが、数学でも見られるわけです。

いっそ関数という言葉を使わなければいいじゃないという数学者もいますし、実際に細分化は進めているのですが、それはそれで面倒くさい。そういうわけで今も関数という言葉は使われています。

関数とは便利なハコで、これに数字を入れれば、答えが出てくるんだよ、という程度に覚えていただければと思います。

第 1 章

おためし
簡単な式を使ってみよう

この章の４行まとめ

・まずは簡単な式からはじめましょう。
・お金、カレンダー、時計、カロリーを例に式を使ってみる。
・どんな関数電卓を購入すればいいかは、おいおいわかる。
・関数電卓のお供に紙とペン、電子辞書を使おう。

まずはおためし。簡単な式を使ってみましょう。

30,000－自分の年齢 ×365＝ 人生の残り日数

さてここで、四則演算のルールの話です。電卓によって、この式の計算結果が異なることがあります。

現在ホームセンターや文房具店、家電量販店で売られている教科書通り入力可能な関数電卓だと、上の計算式をそのまま入力しても計算できます。

ところが、普通の計算機では計算順を考えないと正しい答えが得られないときがあります。四則演算の計算順序を覚えているか自信がないなら、ホームセンターで関数電卓を買っておきましょう。手持ちの計算機で1+2×3という計算をそのまま入力する形で計算して、7という答えが出ずに9と出るようであれば、関数電卓を買ったほうが無難です。計算のとき入力順の変更などに頭を使っていると、ヒューマンエラーが起きてしまうことがあります。

人生の残り時間と電卓のお供

上記の計算式は残日数計算（ざんじつ）といって、わりとよく使われるものです。アメリカではドリュー・ヒューストン（Dropboxの創業者です）がマサチューセッツ工科大学の卒業式で学生たちに向かって語って以降、よく話題にのぼるようになりました。

30,000とは人の一生を日数に変換したものですね。約82年、というわけです。

人間の人生のうち、最後の3,000日くらいはまともな生産活動はできないとされています。ですのでこれを除くと、ほんとうの意味での残り時間が出てきます。

27,000－自分の年齢 ×365＝ 健康的な人生の残り日数

というわけです。

以上のように簡単単純な計算式なんですが、折に触れて計算することで、自分は何をすべきなのか、考えるときの参考になりえると思います。前述のドリュー・ヒューストンは残り日数を考えたときに自分の人生を完璧主義で生きようとするのをやめた、と述べています。

こんなの筆算や暗算でいける！　計算機なんていらなかったんや――という人もいるかもしれないので補足しますと、計算機を持っていると、この式を短時間で色々と変形させて遊ぶことができます。ここでいう「遊ぶ」とは、式を変形させることで、もっとほしい情報に近づくことができることを言います。

たとえば、結婚出産までのリミットから、仮に結婚を37歳までにすることにしたとしましょう。37×365－自分の年齢 ×365で結婚までの残り日数が出てきて、導き出された数字から自分がどう動くべきか、などが見えてきます。結婚以外でも、独立して店を構えるとか、家を買うとかでもこの歳までにとか、なんでもこの歳までになしたいことを決めて残り時間を計算することで、どこで何をすべきかが、段取りはどうかなどが見えてきます。

いい年の大人が暗算を遊びでやっていることはありま

せん。脳は楽なほうを常に選ぶという性質があります。
その上で計算機の重要なメリットをお話しすると、この手の計算は色々遊んだほうがいいということです。37歳じゃなくて35歳ならとか、40歳ならどうかとか、複数の条件を考えて計算したほうが自分に合った答えを引き出せます。その度に計算するのであれば計算機にさせたほうがずっといいというわけです。思っている以上に人間は暗算を無意識に嫌がっています。計算機を引っ張り出して計算するのも同じかそれ以上に面倒くさいように思えるかもしれませんが、遊びと称する試算を繰り返す行為をやりだすとすぐにわかるようになります。

この手の残り時間計算はひと月に1回くらいは計算したほうがいいとされています。1回しかやらない計算は「ふーん」で終わり、毎月やる計算は人生の羅針盤になります。この差はとても大きいものです。ぜひ、今までやっていた以上に計算、試算をしてみてください。
言い換えると、無計画な人ほどこの手の計算をまったくやりません。無計画の悪いところは後悔が大きいことです。最近の脳科学でも人間の大部分において、人生でなしたことより人生での後悔の少なさが幸せを決める性質があると言われていますから、後悔を減らすための武器として、ちょいちょい計算はやりましょう。

こういう試算はExcelなどの表計算ソフトを使えばよい、と言う人もいます。それもひとつの回答ですが、この程度の軽い計算や、色々条件を変えて再計算するなどの場合においては、関数電卓のほうが圧倒的に速く、手軽だったりします。PC を立ち上げてソフトをさらに立ち上げて、セルまで持っていって書き換えて、という手順を月イチでやるのは大体めげます。ものには得意不得意があって、なんでもひとつの手段でやろうというのは無理がある、というわけです。

関数電卓は簡単な計算を手軽にやることにこそ、メリットがあります。うかつに計算できるのが関数電卓の大変よいところだと覚えておきましょう。

紙とペン、それから電子辞書

さて、計算機は計算をするものですが、それだけで計算できた、というわけではありません。計算問題があったら答案用紙に答えを書き込むまでが問題なわけです。はい。ということで答案を書くための紙とペンは、必須です。電子辞書もあるとなおよいでしょう。

ちょっと待って、なんで計算に電子辞書が出てくるの？　という話なのですが、これは計算で求められた結果なのです。ちょっと計算してみましょうか。といっても電卓を叩くまでもない、とても簡単な計算です。1 と 0.*X*、どっちが大きいでしょうというただそれだけの話です。

そもそも論として、数学が役に立たない、または関数電卓をなんに使うのかわからない、という人の圧倒的大多数は計算式と現実の物事がリンクしていません。だから使えないと主張しています。逆説的にはここの部分がリンクできるようにすると計算（数学）は実際の生活に役立ち始めます。

そのリンクを行ううえで重要な役割を果たすのが知識です。もっと言うと、物事の関連性についての知識が必要です。この関連性をコロケーションと言います。

知識を引き出すならWebで検索したり、大規模言語モデルのAIに尋ねればいい、という人もいると思いますが、これらと比較すると電子辞書のほうが有用だったりします。

どういうことかというと、大規模言語モデルのAIは嘘をつきます。仕組み上この嘘を撲滅することはできません。そしてWeb検索は近年、検索上位が汚染されています。2021年頃には主としてアメリカでGoogle検索はゴミになったという認識が広がっており、Googleはこれに対して改良を進めていますが今もって完全な対応はできていません。というよりも、これもまた仕組み上できません。誰かが書いた嘘を恣意的に弾く仕組みを入れてしまうと、検閲と言われてそれはそれで別の問題を発生させてしまうためです。検索上位に面白い嘘がひっかかると、何も知らない人は騙されうるというわけです。

少なくとも出版社とその執筆者が責任を持つ電子辞書を使うほうが、これらより信頼性が高く、裏取りなどを必要としない分、優秀、というわけです。電子辞書を1とした場合、他はそれより数値が低くなるので、あえて劣る手段を使う必要はほとんどありません。

もちろん世の中にはWeb辞書もあるので、それを使えば大体は大丈夫という話ですから、Web検索は全部ダメだって言っているわけではありません。事件性やリアルタイム性の高いことも、辞書は苦手ですのでなんでも辞書を使えという話でもありません。

話を戻すと電子辞書にはもうひとつ有用な点があります。小見出しや類義語、関連語の項目があるということです。計算は最低でも二つ以上の数字（項目）を使う（ひとつしか使わない場合、計算といわずに数字といいます）ので、その二つ目以降の数字（項目）を引き出すために小見出しや類義語、関連語の項目は大変役に立ちます。ちなみにコロケーション辞書というそのものずばりの辞書を搭載したものもありますので、これを使うのはおすすめです。

いずれにせよ、数学と実生活をリンクさせるのは項目と項目の関係性、項目を引き出すためには辞書も使うと覚えておけば大丈夫です。もちろん、辞書さえあれば大丈夫、という話でもなく、使うのは計算者の頭ですから、そこを忘れてはいけません。当たり前のことなんですが、なぜか人間はこれをよく忘れます。私もよく忘れます。

最初に紹介した残日数計算の計算式も、辞書から導くことができます。関連語の見出しに結婚年齢などがあったので、そこから連想して項目を導き出しています。

電卓は何を買えばいいの？

関数電卓の使い方について話すと、だいたいこの質問が返ってきます。しかし、これはとても難しい問題です。なにせ色々な種類があり、一長一短があります。全部入りの複雑高度な関数電卓ももちろんあるのですが、そういうものはだいたい重くできており、さらに残念なことに必要な機能にアクセスするまでに階層をいくつも抜けないといけません。それだったらExcelや数式計算ソフトでいいじゃない、という話です。

その上で唯一、意味のある忠告があるとすれば、説明書は必ず本体とセットで持ち運んで使ってください、ということです。関数電卓の価値の半分は説明書です。説明書がないと必要な機能に行き着かないのが普通です。ですからこの本を読んで関数電卓を使う際も、説明書を一緒に持ち歩いて使ってください。

ちょうどよいので、ここで関数電卓の評価方法について説明したいと思います。

関数電卓のような機能性商品は一般に機能に値が付きます。他の商品と同じように希少性やデザインにも値付けが入るのですが、こちらは別の項目として値付けをしていけばいいでしょう。

以下、私がちょっと考えた項目を書いてみます。読者の皆さんは必要に応じて拡張していけばよいでしょう。これに価格をつければ妥当性が見えてくるわけです。

・スマートフォンから独立して計算ができる……X円
・式や途中の数字を見ることができる……………X円
・途中まで戻ってやり直しができる………………X円
・軽い…………………………………………………X円
・必要な機能にアクセスしやすい…………………X円
・三角関数、対数、確率計算が使える（関数）…X円
・グラフ機能が使える………………………………X円
・ボタンの押し心地がいい…………………………X円
・プログラム機能がある（機能を拡張できる）…X円

・この本を買ったことを理由にしたご祝儀………X円

それぞれの項目にはあなたが考える価格をつけてみましょう。計算機能10円とか、そういうものです。これらの合計が、あなたが妥当と思う関数電卓の値段です。この本を読むであろう想定読者は厳しい数値を並べると思います。「軽いってだからどうしたんだ、はい0円!」とか、そういう感じになると思います。そうでなければとっくの昔に関数電卓を買っていることでしょう。

現時点では関数電卓を買うまでもない、というところからのスタートでよいと思います。この本を読み進めてから、そのあとで購入を検討してもいいと思うわけです（それまではスマートフォンの関数電卓機能を使っていただいて、それで不足を感じたなら買いに行ってもいいと思います）。

この本を読み進めるうちに、こういう価値があるんだなというのを理解していただいて、再度価値を付けてもらうのがいいのではないかと思っています。

さて、先程の機能に値付けをしていく方法は、機能性商品にはとてもよい価値算出法なのですが、世の中はそれでは回っていません。

・直感（または一目惚れ）
・希少性
・デザイン
・社会に対するプレゼンス（自慢）

上記の四つのほうが経済の主流である価値になります（マーケティング会社の主要評価基準であり、自動車会社などでは実際、性能そっちのけでこれらを重視して成功を収める会社が多くあります）。

機能にお金を出しているつもりでも、実際には社会に対するプレゼンス（自慢）である可能性が非常に高いものです。それがいいとか悪いとかではなく、そういうものです。一定水準の性能／機能を満たしたら残るは上記の四つだけと言い換えることもできます。人生で一番高い買い物、または上位にくる買い物のひとつである車や家も、そういう傾向があります。どうかすると、配偶者ですらそれで決まります。

もう一歩話を進めると、社会に対するプレゼンス（自慢）を捨てると、大抵の場合、価値は暴落します。さらに、デザインがダサくて大量に生産されているものは、もっと価値が下がります。結果大変なお手頃価格で手に入るというわけです。

自動車というわかりやすい例もありますが、関数電卓も同様でして、いま日本で手に入る大抵の関数電卓はどれもお手頃価格です。使いこなせさえすれば、損をすることはまずありません。

ここから先、本書は「こういう機能の関数電卓をお持ちであれば」「こうやって計算ボタンを押してください」という記述をしていきますので、メモをしておけば購入するときに参考になるかもしれません（もちろん参考にしないでもよいのです。あなたのお金なんですから）。

どんな人でも使う数字
……お金とカレンダーと時計、カロリー

関数電卓は便利な道具ですが、些細な問題として数字しか扱えません。ですから一旦、現実の物事を数字に置き換えないと関数電卓を使えません。

そういう意味で年齢は練習課題にぴったりです。なにせ最初から数字です。ですので、すぐにでも使えるわけです。同様にお金や時間も数字ですからすぐ使えます。

言い換えると、いま社会生活を送っている人のほぼ100％が使っている身近な数字、それがお金、カレンダーと時計、カロリーです。これが計算できるようになるだけで、随分と楽になります。

なお、普通の電卓でもカレンダーとお金についてはまあまあ計算できます。

関数電卓と比較するなら、関数電卓の機能からカレンダーとお金を計算する部分だけを取り出したのが普通の電卓というわけです。「それで大多数の計算は間に合うでしょ？」と言われたらその通りかもしれません。

ここでは普通の電卓でもできるような簡単な計算を紹介しつつ、まずは電卓でこういうことができるんだということをプレゼンテーションしたいと思います。

お金にまつわる４つの基本的な計算式
……年間雑費、予算計画計算、転職計算、購入価値計算

さて、まずは肩慣らしに、年間の雑費を計算してみま

しょう。

週に消費する雑費の合計 ×52＝ 年間雑費

左右を交換してもよいので通常はこのように書きます。

年間雑費 ＝ 週に消費する雑費の合計 ×52

喫茶店週3回1,500円、新書1冊1,100円、サブスク週あたり300円。合計は2,900円。週にこれだけ平均で消費している場合、1年は52週ですから、52倍すれば年間にどれくらい使うかわかります。長期休暇が2回挟まることを考える場合は50倍でも構いません。

上に書いた例では150,800円が年間雑費になります。

この数字、「ふーん」で終わってはいけません。日常生活で無理なく削れそうな支出は、この雑費の部分だけだからです。それ以外を削ろうとすると、生活のあれこれを見直さないといけません。夫婦で話し合って月に1万円多く貯金しようとかいう話になったとき、その原資の半分くらいはここから引き出せる、というわけです。

手をつけやすいので、予算のやりくりに使いやすい、というのは覚えていて損はないでしょう。もちろん、喫茶店のコーヒーが我慢できない人だっているわけで、その場合は別立てて考えないといけません。

式の変形（遊び）

当たり前ですが、年間消費を52で割ると週の雑費が導き出せます。年間予算を立てて行動する際にはこちらのほうが有用でしょう。

週間雑費 ＝ 年に消費する雑費 ÷52

この式には毎年お世話になったほうがいいと思います。さらにいえば、物価上昇率を踏まえて金額を上げていったほうがいいと思います（そうしなければ生活水準は下がっていきます）。

物価が年に３％上がっているなら、1.03倍。65,000円なら66,950円になるわけです。この年３％上昇が連続すると複利計算になるのですが、それはまた別の章でご説明します。

ちなみに、一般電卓や一般電卓寄りの関数電卓では、％計算ができるようになっています。150,800+3%とか入力すると先程の答えが出てくるわけです。こちらの機能は関数電卓では入ってないことも多い機能です。この％計算は３割引きとかの値引き計算で便利なので、普段使いの関数電卓には入っていてほしい機能かもしれません。

iPhoneをお使いの場合、電卓アプリで両方の機能を使えるので困ることはないと思います。

予算計画計算

家計簿というデータがあれば、そこを起点に予算計画を立てることができるのですが、家計簿をつけていない人や家庭もかなりの数にのぼります。さまざまな調査がなされていますが、おおむね4割くらいの人が家計簿をつけていません。

家計簿をつけないでもうまくやれる方法はないか。もちろんあります。日本では昔から「二つの財布」という概念があります。

財布を二つに分けて、片方を生活に使う分、片方を自由に使える分にする。ただそれだけです。それぞれの財布の独立性を高め、交互にお金の行き来を許さないようにすると、生活費の管理ができるようになります。定期的に配分の見直しをすれば、江戸時代の頃にはそれで生活できました。

ただ、現代においては二つだけの財布というのは危ういものです。貯蓄の財布、自己の勉強（投資）に使う財布など、細分化しておくのが一般的です。

イギリスでは子供に四つの財布という考え方を教えます。古くからある伝統的な教育です。

ひとつが慈善の財布。この財布のお金は慈善に使います。あるいは他人のために使います。

ひとつが長期貯蓄の財布。いざというときのためのお金です。

ひとつが短期貯蓄の財布。ほしい物を買うために短期的に貯めているお金です。

最後が、消費の財布。使うことがほぼ確定している食事や、被服費、化粧代などが含まれます。

自分の収入を四つに分けておいて、うまくやってね、という考え方です。これは先に説明した我が国の二つの財布と考え方は同じですね。項目を自在に変更追加、あるいは削除して好きな数の財布を持って、それらの範囲内でお金を使う限り、細かいことを考えなくても生きていけます。
ただ、夫婦＝複数人で管理するとかであれば、悪いことは言わないので家計簿をつけたほうが安全です。でないと、ときに言い争いになります。あくまでこの複数の財布は個人でお金を管理するための方法、というわけです。

お金の使い道はだいたい人生の使い道と同じです。ですから最初に財布……予算項目を決めて、お金を割り振っておくのはとても大切なことです。
ついでですので、自分の時間も財布に入れておくことをおすすめします。時は金なり、という言葉を使うなら時間＝お金です。時間の使い道はだいたい人生の使い道と同じと言い換えてもちっとも間違っていません。人はお金と時間を割り振って生きるいきものです。
その考え方の是非はさておき、財布をいくつか使って時間の予算配分をしておけば、人生はもっと無駄なく使うことができます。
おっと、いい感じでお話が終わろうとしています。関数電卓の本なのに読者に電卓を叩かせないのはよくありません。予算を配分するときの割り振りの式を簡単に紹介したいと思います。
例によって、電卓片手に遊んで、色々なパターンを試算して自分にとってしっくりくるものに変えていけばいいでしょう。他人に言われるままにする分には関数電卓はいりませんが、自分の人生を自分でどうにかしようと思ったら、大げさな表現ではなく、関数電卓は数少ない武器になります。

大人版四つの財布

というわけで、以下の比率に沿って電卓を叩いてみましょう。

慈善の財布（付き合いも含みます）：1
長期貯蓄の財布：2
短期貯蓄の財布：2
消費の財布（生活費も含みます。小遣い制であればこの財布は雑費の財布になります）：5

慈善が嫌いであれば、慈善の財布は投資の財布に入れ替えても構いません。日本では欧米と違って慈善はお国や自治体がやるもの、という無意識の常識がまだまだ強く残っています。

予算を10で割って、それぞれに：の横の数字を掛けていけば予算が配分されるわけですね。金額が決まったら封筒に金額と実際にお金を入れて、運用してみることをおすすめします。

簡単な式で関数電卓を使うまでもないのですが、ああでもないこうでもないと何度も計算するものですので、計算式の修正機能がついている関数電卓を使うことをおすすめしています。関数電卓のなかには1行表示モデルを中心にこの機能を持っていないものがありますから、ここの計算を重視するのであれば複数行表示の関数電卓を購入、使用してくださいね。

転職計算

一般に労働者が収入を大きく増やす方法は転職で、少し増やすなら兼職です。

問題は自分の労働価値がどれくらいあって、それを必要とする場所にうまく行けるか、になります。

戦後の日本人は一般に自分の労働価値を考えようともしません。このため、かなり低く買い叩かれている現状があります。日本という国を悪くしている理由のひとつですので、ぜひとも自分の労働価値を考えたり計算したりするようにしてほしいものです。

この計算式ですが、基本的には非常に簡単です。

自分の労働価値 = 今の自分の給料

これだけです。電卓もいりません。支給総額25万円の人は月25万円の労働価値というわけです。

問題はこれが高いか低いかで、市場に自分が出たとき、高ければ給料が上がりやすくなり、低ければ給料が下がりやすくなります。

転職して給料を上げられるかどうかを運次第と言う人もいますが、これはあまり正しくはありません。全然間違っているわけではないですよ。何も考えずに突き進めばそれは確かに運次第です。でもまあ、普通に生きるなら運を天に任せるのは人間がやるだけやったあとのほうがいいでしょう。

また自分のことを他人任せにするのもおすすめできま

せん。転職業者やコンサルタントを使うにしても、一旦自分で計算したほうがいいでしょう。なぜなら、騙されることが多いためです。騙すという表現が悪ければ、転職業者にお金を出しているのは求人企業であって、彼らは安くていい人材がほしいわけですから、求職者を買い叩くのはある意味使命、仕事に忠実な結果です。あなたが求職者であるのなら、この事実は無視してはいけません。

まず大切なこと。通常、異業種に移る場合は年齢が足かせになります。年齢はあなたの価値を下げるわけです。また同業種でも40歳を境に労働価値が下がります。この事実を受け入れられずフリーランスになる方もたくさんいらっしゃいます。それはそれで間違ってはいないんですが、安易にフリーランスになると稼げるお金が単純に減ります。手取りが多少増えたにせよ、退職金やボーナス、社会保障費などを考えると、本当にフリーランスが得かどうかはぜひ計算していただきたいと思っています。

ということで、計算の方法です。

一般に自分の労働価値は何もしないと年3％ずつ低下します。新しいスキルを身につけていない、手の抜き方ばかり覚えている、社内政治能力ばかり高めている年があったりすると、これになります。

労働価値＝今の自分の給料－労働価値の低下率$3\%^{(勤続年数)}$

$^{(勤続年数)}$は指数ですね。同じ掛け算が連続する場合に

使います。0.97×0.97×0.97……というのを指数で表現するとスマートになります。0.97^3ですね。ちなみに元の数字を底（てい）（ベース）といいます。

関数電卓の場合は y^x のボタンがあるものを使いましょう（違う表現もありうるので説明書を見てくださいね）。

たとえば6年間、なんにもしていなかった場合は、0.97^6で0.832になります。元の83％まで価値が下がっているわけですね。転職市場の多くがこの計算式に類似した価値計算をしています。下落率を4％としているところも結構あります。年齢が一定以上になると下落率を3％から4％に引き上げるところもあります。ですので、このあたりは色々と試算して遊ぶことが重要です。

多くの転職の現場で聞く、転職しても給料が下がるところしかないしなあ……というのは、多くの日本企業では人の評価がきちんとできておらず、入ってから当たりか外れかわかるという問題があるためです。このため求職時は一番低く見積もっているのが常態化しています。人の評価がきちんとできないので下請けに頼る、という図式にもなっています。

これで入社後に当たりだったら給料改定、となればいいのですが、通常そんなことはないわけです。ですから、転職を渋った結果、企業から足元を見られて昇給が緩やかになるというケースが頻発します。

このあたりをどうにかしようと政府がリスキリングなどの施策をやっている、というわけですね。

政府の施策を見ればわかる通り、労働価値を高める特効薬は自分のスキル（技能）です。資格が必要な仕事などでは、求人内容から必要なスキルが目に見えてわかるわけです。この資格は年間給与にするといくらになるのか、といった数字は、求人情報を見れば割とすぐにわかります。

資格試験や実績による間接的なスキル評価で自分の労働価値を高めていき、できれば自然下落分の3％を超えて市場価値を高めていけば、理論上は転職で給料が上がっていきます。去年の自分と比べて価値を3％引き上げるようなもの、スキルはなにか。こういうことを考えながら仕事をすることは、個人の意識づけとしては大変に有用です。なんにも考えてない人が多いなか、そういう視点を持っている、というだけで大きな差になっていくわけです。

さて、この価値向上も指数で計算できます。3％なら1.03^xですね。10年間仕事をしているなら1.03^{10}で、1.344倍になります。何もしないで83％の価値になったケースと比べれば差は明らか、というものです。労働者の商品は自分なのですから、価値を高めて高く売りつけなければなりません。

y^xは金利計算にもよく使われて、複利計算の基礎になります。

金利5％の預金（ドル建てならありえてしまう数字です）で12年の場合は$1.05^{12}=1.796$倍になります。

指数計算は関数電卓でもよく使う機能ですので、押しやすい位置に配置してある関数電卓は実用性が高いということができます。普通の電卓で同じことをやろうとすると何度もキーを叩くことになるので、このあたりからが関数電卓のありがたみを感じる部分になります。

1.05と入力した後で y^x を押し、次に12を入れて = を押します。それで計算できます。

購入価値計算

買い物は楽しいものですが、買ったものを評価するのは買うのと同程度に楽しいことです。2回買い物したようなものだと言う人もいます。筆者は、そこまで楽しくはないかなと思いますが、購入物の評価が役立つのは間違いなく、購入前、購入後とよく検証しています。

価値計算には色々な計算法がありますが、よく使われるものとしては、何年使ってそれが1日いくらになるかというものです。

購入価値 = 購入価格 ÷ (年数 × 年あたりの使用日数 × 1日あたりの使用回数)

ここで関数電卓が役立つ局面がでてきます。( ) を含んだ式を関数電卓はそのまま入力して計算できます。これを「教科書通り入力」といいます。それができないと式を変形させないといけません。深いことを知らず、考えずに使うのであればそのまま入力できる関数電卓はよい道具、ということになります。

残念ながら、スマホの関数電卓では ( ) を使うことはできないのですが……。

関数電卓を1,210円（執筆時点で一番安い関数電卓の市場価格です）で購入して4年使い、およそ1年に300日、5回の計算をしたとすると、1210÷（4×300×5）=1回の計算の価値、になります。この場合だと0.202円になります。4年使うなら1回の計算で0.2円くらいのコストがかかっている。はてこれは安いかどうか、というわけですね。1日あたりなら1.008円です。

購入後しばらくしてから、実際どんなものだったか実績ベースで再計算すると、評価が定まります。先程の計算を利用してももちろん構わないのですが、出来事を基準にするほうが実際に即すると思います。

出来事による実績ベースとは、要するに出来事に価値をつけることです。どんなところでどんな役に立ったか、思い出深いことがあればそれに値段をつけましょう。それの総和がその品物（アイテム）の価値です。メモに出来事と金額をつけて合計していくだけですから、簡単にできます。

1,210円の関数電卓で軽い気持ちで保険を見直したら、年額4万円得した、とかだと、一発で購入価値を上回り、その品物は大変よい買い物だった、ということになります。

特になんの出来事もなく、置物になっていた場合は1,210円の損になる、というわけですね。この見直しは次の買い物を考えるのによい教訓となります。

コラム

スマホの価値計算から考える タイムイズマネー

先ほどの式「購入価値 = 購入価格 ÷（年数 × 年あたりの使用日数 ×1日あたりの使用回数）」で見ると、スマートフォンが高額でも買う人の心理が見えてきます。高くても毎日使っているわけで、その分大きな数字になるせいで1日あたりのコストは安くなる傾向があるせいです。

仮に134,000円のスマホがあったとして、365日毎日使うとすれば1日あたり367.123円です。これが2年だと半分になるわけで183.561円になります。さらに1日に4時間スマホをいじっているとすれば、さらに1/4で1時間あたりは45.890円になります。

このくらいの金額なら出してもいいと思う人が増えるのもわかります。

この価格の根拠になるのがスマートフォンの多機能性です。カメラにSNSにゲームに関数電卓とたくさんの用途があるわけで、専用の品物を使う出番は減りました。それだけでなく、ネットワークを通じて結果（写真とかゲームとか）を共有できるわけで、さらにそこで価値を作っているわけです。

ただ、関数電卓に関しては、話が少し変わります。計算結果を基本的に共有しませんし、そのような機能もないアプリがほとんどです。なによりも重要なのは、立ち上げまでの時間です。スマートフォンはよい品物なのですが、ロックを解除してアプリを立ち上げて計算するとなると、10秒ほどの時間がかかります。これが毎日、5回、300日とかになると……4時間10分という時間になります（15,000秒を1時間=3,600秒で割るわけです。端数は60進法変換機能〔80ページ参照〕を使ってください）。

この4時間を省略できるなら、関数電卓を買ってもよいと思う人もいるでしょう。タイムイズマネー、時は金なりという考え方です。

時をお金に変換して計算するときはあなたの時給を使います。

あなたの時給 ＝1時間の価値

ですね。これを元に式を作ると、

あなたの時給 × 浮いた時間 ＝ 時間価値

というわけです。

人を雇ったりタクシーを使ったりするとき、評価する際はこの計算式を使います。

あなたの時給が1,000円だった場合、関数電卓で浮いた時間が4時間10分なら、（今度は60進法を10進法に変換したあとで掛け算します）1,000×4.167で4,167円の価値があった、ということになります。ここから購入費を引けば、最終的な損益が算出できます。

時間価値－購入価格 ＝ 損益

という簡単な式です。

例に挙げた時給1,000円の人が1,210円で買った関数電卓であれば4,167－1,210、差し引き2,957円の得になるわけですね。もちろんこれは関数電卓を1,500回叩いたときの話ですから、それより少なければ損益は下がり、最悪マイナスになります。逆に4年間で3,000回とか叩いているならもっと得をする、というわけですね。

高級高性能のPCなどではこの、使っている人の時給から考えれば安いでしょ、という強気の値段がついていたりします。その手のアイテムは機能ではなく浮くであろう時間を売っているのです。

カレンダーにまつわる3つの計算式
……コツコツ算、締切計算、時間予算

時間は有限で、時間の価値は江戸時代以降、年々上昇しています。

刻一刻を争うという緊迫した状況を表す言葉がありますが、この一刻、江戸時代では1日の日の出から日没までで昼夜区切ったあと6で割っておよその時間区分を作っていました。日の入り日の出は年間で変化を続けているので、これを不定時法といいます。
この不定時法で考えると、一刻は冬でも1時間以上あります。
今、刻一刻を争うと言うと、大抵の人は1秒を争う感じで捉えるのではないでしょうか。それだけ時間の価値が上がってしまっているのです。
時間がもっともあると言われている若者でも、時間に追われてタイムパフォーマンスなんていう言葉が流行るような状況です。のんびりした学生時代なんて、平成半ばまでに終わっています。
この情勢下、忙しい忙しいと右往左往する人は右往左往するだけで余計に時間を使ってしまうものです。時間が限られるからこそ、一度落ち着いて考える（ついでに計算する）必要があります。
ということで、関数電卓の出番です。

コツコツ算

毎日5分の運動を300日やったらどれくらいになるか。
5×300というこの単純極まりない計算、これがコツコツ算です。
習慣の素晴らしさや強さをプレゼンテーションする時に使うのがこのタイプの式です。

トータル時間 ＝1日の時間 × 期間

5分でも300日やれば1,500分、60で割れば時間が出てきます。年間で25時間トレーニングしたわけですね。それじゃ少ないと思うなら2倍の10分やるとか、そう

いう試算（遊び）と一緒に使うことで先行きを見通していきます。

新しいスキルを勉強するとして、100時間くらいは履修に使いたい。そういうことを考えたいときもあるでしょう。そのときは式を変形させます。

1日の時間（ノルマ）＝トータル時間 ÷ 期間

スキルなり資格を身につけるために100時間の履修をしたとして、1年から週に一度の休みの日を抜いた300日とすると、100÷300＝0.333……時間になります。前に説明した時間変換機能を使うと、分の数が出てきます。0.333……は1/3時間ですから、20分になります。毎日20分勉強して1年やれば支払えるコストだと読むことができます。

実際には準備時間や後片付け時間がありますから、その分を周辺時間として加えなければいけませんが、それさえやってしまえば簡単に計算できますね。

たとえば準備と片付けに5分かかるならそれを足せばよいわけです。

この周辺時間も積もると大変な時間になるので、どう減らしていくかは結構重要になっていきます。コツコツ算を行うときには気をつけてください。

ここまで計算したらもうひとつ、どこまで期間がかかるか計算で求めたいときもあると思います。これも式を変形して求めることができます。

（かかるであろう）期間＝トータル時間÷1日の時間

簡単な式だなあと思われる方もいらっしゃると思います。そのとおりです。

でもこんな簡単な計算もしない人が圧倒的多数だったりします。

このコツコツ算、空き時間を貴重な時間資源として見たときに輝きます。通勤やトイレの時間などの細切れで小さな時間を有効活用しようというときによく使われるわけです。

たとえば、電車に乗って通勤する時間30分を自転車に切り替えたら毎日運動してることになるんじゃない？とか、トイレの中で唸ってる間に計算しようとかそういうことです。

締切計算

先ほどのコツコツ算の式の三つめ、期間を計算する式の変形として、1日のノルマを割り出すことができます。

（かかるであろう）期間＝トータル作業量÷1日の作業量

例として原稿などがわかりやすいかもしれません。仮に12万文字の小説があったとして、これを式にあてはめると、

期間 ＝ トータル作業量12万文字 ÷1日の作業量

こんな風になります。仮に1日3,000文字書くのであれば、

期間 = トータル作業量12万文字 ÷1日の作業量3,000

12万 ÷3,000ですから答えは40。期間は40日ということになります。週休2日として5日につき2日の休みを足します。まず、何週分休みが必要でしょうか。

期間40÷5日 = 週数8

ここで週数 ×2を期間40日に加えます。

最終的な期間 = 期間40+ 週数8×2

答えは56日となるわけです。2ヶ月くらいかかるわけですね。まあ実際に2ヶ月で書けるのなら苦労はしないと諸先輩に怒られそうですが、あくまで例ということでお許し願いたいものです。

なお関数電卓なら上の式をそのまま入力してもちゃんと計算してくれますが、商用電卓だと掛け算を先にして足し算しないと正しい結果にはなりません。ご注意ください。

さて、上記のような計算は別に原稿でなくても何でもよいわけです。ノルマが存在しているのであれば、飛び込み営業数でも成約数でも売った商品の数でもなんでも大丈夫になります。

この程度の計算は普段からやってるよ、という方は素晴らしいことです。ここはささっと読み飛ばして次に行きましょう。

ここからは遊びの時間です。式を変形させて遊んでいきましょう。一度大まかな見通しができたら次は試算の時間、というわけですね。

先程の例では1日3,000文字ペースで56日かかると計算しました。ところが実際の締切は30日だったとします。このまま担当編集に申告したら首を絞められそうです。こういうときこその計算ですね。

式を変形させて、

1日の作業量（ノルマ）＝トータル作業量12万文字÷期間30

とします。答えは4,000、1日4,000文字休みなしデスロードですが、できなくはないくらいの嫌な数字が出てきました。しかし人間はだめな生き物です。遊びたいゲームの発売日が月末に控えており、クリアに5日くらいはかかるとしましょう。ゲームを我慢できない自分を考えるともっとノルマを増やしたほうがいいかもしれません。

仮に5日休んで期間が30日のままとすれば実質の作業期間は25になります。

1日の作業量（ノルマ）＝トータル作業量12万文字÷期間25

答えは4,800文字が毎日のノルマになります。できるのかどうか、その作家の運命やいかに。

さて、似たような計算式を使っていて、何度も同じ数字を入力するのが面倒くさくなったりしないでしょうか。こういうときに役に立つのは一部の関数電卓に入っている変数機能です。変数というハコに数字を入れることで手間を減らす機能ですね。

CASIO の CLASSWIZ　fx-JP500CW だとシフトボタンの隣に X の箱に出し入れするアイコンがあります。これを押すと変数一覧、編集画面が出ます。

たとえば138,000円という数字を A に入れると、以後は A×31とか31A とかの入力で計算してくれる、というわけですね。

一緒に覚えてほしいのは式の編集です。先に挙げた関数電卓ですと、カーソルキーで動かして数式をいじることができます。数式をいじって遊ぶ際にはあると便利な機能です。

もっとも、入力でちょっとボタンを多く押すのが気にならないのなら、これらの機能はいりません。ただ、数字の桁が多くなったりするとこの変数機能は大変に有用なので、桁の多い計算をされる方なら購入選択のときに考慮に入れてもいいと思います。

例はともあれ、このようにノルマを計算したりするのは、フリーで働いたり歩合給で働いたりするときに欠かせない計算になります。逆に言えば、言われたことを言われたとおりやってスケジュール管理を他人に委ねている場合は、この種の計算を一切していないので、ある日突然フリーランスになったりしたときに、まごついたり、この手の計算を軽視して仕事をやったあげく破綻するなどのケースが散見されます。

時間予算

時間には限りがあります。時間を同じように限りがある資金に見立てて配分しようという考えが時間予算です。スケジュールを立てる際の基本的な考え方になります。

この時間予算、時間を割り振るだけなら特段計算もいらないのですが、実際には急な用事や体調不良、やる気が出なかったなど、さまざまな理由で割り振り通りにいかなくなります。

この修正や補正をするためには計算がいります。何時間何分不足して、これを取り戻すにはどうスケジュールを組み替えるかなどを考える必要があるためです。

もう少し詳しい説明をしていきましょう。計算する前に計算の必要性をきちんと書かなければ、やる気にもならないと思います。

さてここで重要なこと。

その１：スケジュールというものは基本的には遅れるものです。

なぜかと言えば、全知全能の人間がいない以上、通常は事前に想定していないことが発生するからです。

もちろん、遅れないプロジェクトを用意はできます。余裕をもたせることで解決はします……が、余裕とは要するに無駄なので、いい話ではありません。納期や提出日などの締切と、スケジュールは分けて考えることが重要です。締切には遅れてはいけませんが、スケジュールはもっと裁量が利くようにしてください。

その2：スケジュールは組み直すことができないと意味がありません。

スケジュールが遅れる前提にある以上は、必要に応じて組み替えられるべきです。このためスケジュールはことあるごとに、そしていつも変動、更新されていくはずです。スケジュールを不動のものとして帳尻を合わせようとすると、通常は目標と現実という実質二重帳簿状態になってただただ、面倒くさいことになります。

これらを踏まえた上でどうスケジュールを組んでいくか、ということについて説明しますと、まずは要素のリスト化と時間見積もりがいります。

たとえばDIYの練習で犬小屋を建てるというプロジェクトがあったとして、材料を買ってくるのに1日、設計図を作るのに3日、木材を切るのに2日、組み立てに1日、ペンキで色を塗るのに2日（乾燥時間含む）が必要だったとします。

1日あたり8時間の作業量であるとするなら、すべてを8倍にすることで作業時間が出てくるわけです。

リスト：

材料を買う：8時間

設計図を作る：24時間
木材を切る：16時間
組み立て：8時間
ペンキで色を塗る：16時間

この時間をカレンダーに当てはめる、つまり時間予算内に組み込んでいけばスケジュールは完成になります。複数人数でのスケジュールも同様です。

ただ、二人で分担すると時間は単純に半分になる……わけでもありません。デザインの方向性で対立などしたくないのなら、設計図は一人で書いたほうが無難でしょう。

またペンキで色を塗るのも乾燥時間が計上されているので実際には人数が増えたからといって解決できるわけではありません。

逆に言えば木材を切るのと組み立ての二工程については人手があればその分スケジュールを短くできるかもしれません。

さて、このプロジェクトをカレンダーに当てはめましょう。設計図は平日の夜でも1日1時間くらいは捻出できそうです。すると24日かかります。

木材を切ったり組み立てたりは一気にやりたいので、土日にやるとしましょう。木材を切るので土日が潰れるので翌週に組み立てになり、さらに次の週の土曜に色を塗ることになるわけですね。

おっと、材料を買うより設計図を作るほうが先だと気づきました。スケジュールを組み直して設計図ができた週の土曜に材料を買うことにしました。

……と、こんな感じです。
実際設計図を書いてみたら、子供に邪魔されて作業が無理だった日が出たり、仕事で疲れて作業できなかったり、設計図が遅れたせいで家族サービスの日と材料を買い物に行く日がかぶってしまいと、さまざまなことが起きます。もちろん、実際にやったら設計図は簡単にできてしまった、ということもあるわけです。
これで締切として子犬をもらってくる日がひと月後に決まっていた、なんてことがあるとそもそもDIYを諦めたほうがいいのでは、という考えも出てくるわけです。子犬をもらう日をずらすのは難しいとなれば、それまでには終わるように算段をするべきでしょう。

いずれにしてもリストと時間を見ながらカレンダーに当てはめ、先の予想を立てたら、何かしら起きるごとにスケジュールというか時間予算のやりくりをしていかないといけません。スケジュールとにらめっこと言われる現象ですが、このにらめっこから気づきが生まれて、たとえば飲みに行くことを一回断念すればなんとか設計図が間に合うかも、と思いつくこともあると思います。
ここで大事なのは見積もりと実際の差があったときの再計算です。電動ノコギリを借りる算段がついたので作業時間は半分になりました。が、実際やったら2時間ほどしか短くなっていませんでしたとか、設計図を書いていたら楽しくなって2時間頑張って半分くらいはできた気がする、みたいなときに、リストに戻って再計算してスケジュールにはめ直す必要があります。
24時間の作業を24分割するよりも、まとめて1回3

時間とかにしたほうがずっといい、そういうこともあるでしょう。この場合同じ作業時間でもその質や価値、あるいは時間あたりの進捗率は変わったりします。そういうときもやはり再計算が必要です。週に3時間取れるのは金曜土曜の夜だけ、とかになったら、それでスケジュールを組み直す必要があるわけですね。電卓はここで使って24÷3とかで8日、金曜土曜で週に2日として2で割って4週の作業になる、などを計算していく必要があるわけです。暗算でいいって？　まあこの例ではそうなのですが、実際はもっと込み入ったときにこそ時間予算の概念は生きてきます。たとえば結婚式の準備とかです。また時間予算配分は性質上何度も何度も計算するので、やはり電卓はあったほうが便利です。はい。

面倒くさいと思うこともあるかもしれませんが、実際には大量の紙（ノートでもいいです）があればあんまり苦労はしません。どんどんスケジュールを組み直して精度を上げていくのが楽しくなることもあります。

コラム

時間予算と締切

さてここでちょっとした複合テクニック。

時間予算と締切計算を複合させるとより高度な計算ができるようになります。時間予算は時間ベースでの計算ですが作業ノルマベースで計算してもいいわけですし、作業ノルマにかかる時間を利用して時間予算を割り振って計算することもできます。

ただ、これくらい複雑になってくると関数電卓を使うよりExcelなどの表計算アプリを使ったほうが早くなることもあります。関数電卓に慣れた人ならこの段階までなら電卓のほうが早いのですが、そうでない人の場合は素直に表計算ソフトを使ってもいいかもしれません。

なお、一部の関数電卓には表計算機能があったりしますが、それで計算しようとは思わないほうがいいと思います。操作が面倒くさくて使いづらいのです。もちろん、関数電卓にある表計算機能にも意味はあって、単純に数字だけを操作するだけならそこまで面倒ではなかったりします。あくまで計算のために表を使う程度なら意味がある、と覚えておけばいいでしょう。

コラム

時間計算（60進法計算）

なぜだかスマホの関数電卓機能ではできないのですが、スマホ以外の関数電卓があると時間計算が楽になります。60進法での計算ができるからです。

1.5時間を1時間何分という形に変換する場合、CASIOのCLASSWIZ　fx-JP500CWを例にすると、1.5= で一度確定させ、FORMATボタンを押してメニューから度分秒表示を押すと自動変換されます。

1.5時間を変換して1時間30分とか、25時間37分48秒を変換して10進数の25.63時間という風に相互に（ボタンひとつで）変換をかけられるようになるわけですね。

この機能の制限は小数点以下の端数しか変換がかからないことです。ですから、1日7分筋トレして年313日やるときのトータル時間は何時間何分か、などの計算をするときは、7×313を60で割った後に（1時間＝60分なので、60で割ることで単位を分から時間に換算しています）この変換をかけると、端数を計算して正しい答えを得ることができます。7×313÷60は36.516666……（時間）ですが、0.516666……の部分はそのままだとよくわからないので、分・秒に直すわけですね。答えは36時間31分になります。

さて、分刻みの計算をよくやるつもりなら、この時間計算機能はそれだけで大きな価値があります。生活の習慣や時間配分では大変よく使うので、この機能は覚えておいて損はありません。

カロリーにまつわる2つの計算式　①ダイエット計算

現代日本に限れば、巨大災害や戦争でも起きない限りは食糧不足に陥ることはまずありません。むしろ食料が多すぎてダイエットにこそ気を使う人が大部分でしょう。
ここで、単純な等式をひとつ。

7,000kcal＝1kgの体重

これだけです。でもとても大切なものです。あなたが3kg痩せようと思ったら7,000×3＝21,000kcalを消費するか控えるかしなければならないわけです。

食べ物の熱量を積算していけば、当然1日の摂取カロリーを求めることができるわけですから、そこから3ヶ月で体重を3kg落とすというのなら1ヶ月あたり7,000kcal、月30日として1日で233kcalを控えていくか、その分多めに運動することでダイエットを行うことができます。

これらの計算はスマホのダイエットアプリ（または健康管理アプリ）でも行うことができますが、上の式を念頭に簡単な計算を電卓でやるほうが手間が少ないケースも多いでしょう。

当然健康管理アプリは単純なカロリー計算だけでなく塩分やビタミンの管理などもやるでしょうから、それらのアプリに意味がない、ということにはなりません。ただ、ちょっと痩せよう程度であれば電卓とメモ帳でも全然大丈夫、というわけです。広告を視聴しないでも使えますしね。これもタイムイズマネーです。

さて1日に233kcalを控えるとして、そのためにはどうすればいいのでしょう。巷（ちまた）にはダイエット指南本もたくさん出ていますし、新たな方法が次々と発見され、控えめに言ってその9割が忘れ去られていくのでめったなことは申し上げられませんが、コンビニスイーツとかの熱量表記を見てより低い熱量を選ぶだけである程度の置き換えはできます。

つまり、電卓を利用して賢く選択をすることで、ある程度までは節制を行えます。

カロリーにまつわる2つの計算式　②ジュール換算

さて、ここまでカロリーの話をしましたが、世界的にはカロリー計算をやっているところは少なくなり、今の中心は単位ジュールで計算します。

0.239グラムカロリー＝1ジュール
1グラムカロリー＝4.184ジュール

数学を何もかも忘れている人のために書くと、1を0.239で割れば4.184、1を4.184で割れば0.239の数字を導くことができます。

日本では食品はカロリー表記でもOKですが、海外だとジュール表記なので毎回計算しないといけません。4,300,000ジュールのお弁当は1,027.725kcalになるわけですね。

数式にすると4,300,000÷4,184というわけです。

単位換算機能のある関数電卓なら簡単に変換できますが、これくらいなら素直に計算したほうが速いかもしれません。

海外の有名なトレーニングなども消費熱量はジュール

表記になっているときがありますのでこの計算はよく使うことになります。自動翻訳にかけても数字はそのままのときが多いので、残念ながら計算機は手放せない感じです。

ちなみに、関数電卓によってはこの手の単位換算機能を持っているものもありますので簡単に計算できます。お手持ちの関数電卓の説明書をご覧ください。もっとも、ネットで検索すれば計算、換算してくれるのでこの機能のためだけに関数電卓を買う必要はあまりないかと思います。

得をするための期待値計算

もうひとつ、期待値の計算を紹介します。お金に限らず色々なところで使用するものです。

よくある話として、以下のような選択が人生においては出てきます。

設問：今日から確実に毎月６万円もらうか、10年後から毎月７万円もらうか。

この設問、なんのことはない年金の話だったりします。同様なことはたとえば保険、宝くじ、少額投資などとよく転がっていますので、若い読者の方も年金なんか先の話と思わずに、ちょっとした計算法を身につけておくことをおすすめします。

さてこの種の計算においては感覚と実際の計算結果に差が出ることが知られています。

たとえばこういう選択肢があったとしましょう。

設問：確率75％で５万円手に入る。100％（確実に）３万円手に入る。どっちがお得？

というやつです。感覚でいうとだいたい３万円のほうが選ばれますが、計算結果は違います。

確率75％で５万円手に入るというのは25％で０円手に入るということです。0.75×5＋0.25×0が得られる期待値になります。答えは3.75万円。０を摑むリスクはありますが75％にかけた方がお得になります。

さてこういうお話をすると詭弁だという反論がよく返ってきます。０円は０円なんだから－３万円です。大損ですよという意見です。

この意見はよくある反論で、話をよく聞くとこの種の機会が１回きりだという前提に立っての意見だったりします。とても素直で行儀のいい反論ですが、賢いとはいえません。

仲間を100人集めてきて、みんなで平均を分け合おうとか言い出すと、どうでしょう。意見は変わると思います。この計算式を見て、みんなを集めてくればいける、と考えるのが正しい（数学的な）考え方です。

数を集めて確率のゆらぎを消す、という手は、この種の確率を使用した業種ではごくごく標準的にやられています。大は国家から証券会社、保険会社、小はそこらの賭けの胴元まで、この「数を集めて」戦法を使っています。

この戦法、個人が株式投資をする場合も有効です。俗に塩漬けといって、負けた株を長期保有して値上がりを待つ人がいますが、これは昔から戒められています。損切は素早く、というやつです。

損切をすると何が得なのか、という質問に対する答えが数を集めて確率のゆらぎを消す、というものです。

何度も投資をすることで、基本的な局面（確率）を最大限活かそうという考えですね。

局面とはなにかというと、平均株価の変動です。平均株価が連日上がっているような局面であれば回数を増やして投資をしていけばよい、という考えですね。素人が株式で勝てる局面はこのときだけです。上がったり下がったり、あるいは下がるだけの局面では素人はまず勝てません。だからこそ、政治で株価が上がるように誘導していくのは諸外国では重要な政治テーマだったりします。

日本の政治も最近は国民が投資をするように促しています。これは高齢化に伴い働けない国民に不労所得を持ってもらおうという考えですが、もっと穿（うが）った見方をすると、老人が増えていくという展望を前にしたとき、年金や医療費が跳ね上がっていってとても若者に負担させることはできないような状況になりうるという未来予測があると思います。これを、株などの配当でどうにかできないか、という考えがあるのだと思います。

計算結果をどう使えばいいの？

出た計算結果をどう使えばいいのか。

式があって電卓を使って計算した、だけでは人生はいささかも変わりません。計算結果をもとに行動を修正しないといけないわけです。これは計算よりはるかに面倒くさいことなのですが、やればやっただけ効果があります。

行動したら、計算結果も変わっていくでしょう。このため再計算や、「遊び = 式の変形や条件を変えての試算」も重要になります。

前にも一度書きましたが、1回の計算はふーんで終わり、毎月の計算は人生の羅針盤になります。何度も計算をすることは重要です。

そして何度も計算をするなら、暗算よりは計算機を使ったほうがずっといいわけです。

簡単な計算式に触れてみて、実際使ってみると思いのほか人間は感覚で生きているんだなあと思うのではないでしょうか。もちろん、知ってたという人もいるでしょう。

人間は数値という目盛りがなければミスをします。それが塵も積もれば山となるの言葉通り、大きな差になります。

感覚で生きるのは悪いことではありません。それが一番楽、というのはありますし、人間は僅かな計算を面倒くさがって損をするのが普通です。

ただ、計算と行動を面倒くさがらなければ、それ以外の道も割と簡単に開けるのは純然たる事実です。このことはよく覚えていてください。苦境に陥ったときほど役に立つ言葉です。

また、計算結果は記録しておくのがよいでしょう。記録という数値はまた計算に使うことができるからです。関数電卓という武器を使うための第一歩は数値への変換で、記録はそのひとつです。

第 2 章

役立つ計算式を使ってみよう

この章の4行まとめ

・関数電卓らしい機能を紹介し、使ってみよう。
・ルート（√）は土地の計算によく使う。$\sqrt[3]{\ }$は立方体に使う。
・複利計算のやり方を教えます。
・対数を使ってより高度な計算をしよう。

この章と次の章（第3章）では、いよいよ関数電卓ならではの機能（というよりボタン）を使用してその使い方や便利さを説明します。

難しく構えずに、（なにせ関数電卓が計算してくれるのですから）気楽な気持ちで眺めていってください。

うろ覚えでも構いません。こういうのがあったということさえ覚えておけば、あとで本を開き直せばいいだけです。

これらの機能をうろ覚えしたら、第4章へ進みましょう。そこでは関数電卓を使って独自の計算をするための方法をお教えします。

東京ドーム計算じゃわからない人のための関数（√）

TVなどを見ていると、よく東京ドームいくつ分という説明に出くわします。が、実際それってどうなのよ、と地方在住だった私などはよく思っていました。同様の人も多いのではないかと思います。

もう少し正直な人だと、「うちの家でいうと何個分?」などと思う人も多いのではないでしょうか。そこでよく使う関数が√。こればかりはよく使う関数なので関数電卓でない電卓にも入っています。

ということでまずは定義から。

ルート（√）とは、$a=b^2$のとき、aに対するbのこと

これを見て回れ右しそうになったあなた、大丈夫です。数字を入れて $\sqrt[2]{x}$ のボタンを押すだけですから。$\sqrt[2]{\ }$というのは、2がついていない√と同じ意味です。

ルートは平方根ともいいます。この関数、数ある関数の中でも最古といわれています（大昔の数学者、エウクレイデス〔ユークリッド〕の著書『幾何学原論』にも出てきます）。

つまりそれだけ昔から使われていた、というわけです。

どんな用途で使われていたのかというと、ずばり土地の計算です。洪水で押し流された土地を再配分するときなどに頻繁に使われていたと言われています。

四角形の面積を計算するとき、縦 × 横で覚えさせられた記憶はありませんか。このとき、縦と横の長さが同じ、つまり正方形のときは同じ数字を掛け合わせたことになります。縦横5mの正方形の面積は5 × 5で$25m^2$になる、というわけです。

この正方形の面積の計算をもっと節約すると5^2という表記になります。関数電卓にかならずある x^2 キー、2乗ですね。

三角関数がなかった時代、土地の分配をする際に正方形にするととにかく計算が楽になることは知られていたので、いわば特別扱いとして生まれてきたわけですね。おそらく古代の人が何千回何万回と5 × 5と書いているうちに嫌になったに違いありません。

この2乗を用いた面積計算の逆、面積から一辺の長さを割り出す関数がルート（√）です。こう説明するとだいたいの人が納得されます。

電卓に25と入力して $\sqrt[2]{x}$ を押すと、5と出てくるわけですね。

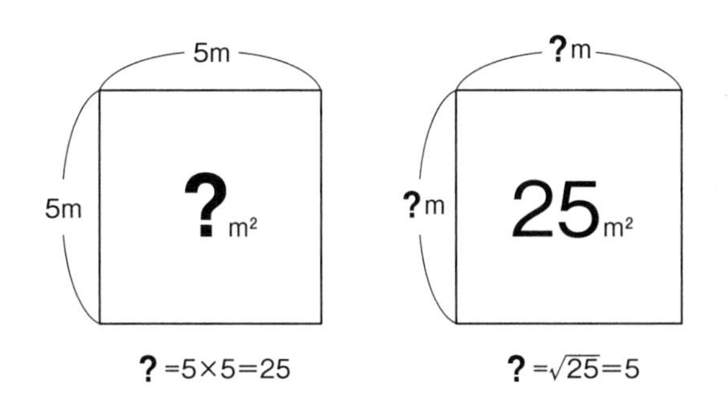

この√、今でも土地建物の簡単な計算によく使われます。マンションの床面積75m^{2}ってどれくらいの大きさかなあと思うとき、$\sqrt[2]{x}$を押すわけです。この例だと8.660になりました。一辺の長さが9mに満たない正方形の面積なわけですね。それを広いと思うかどうかは個人の感性によりますが、どれくらいの大きさなのか、想像はできると思います。

√を使うと、冒頭でお話しをした東京ドームの大きさも想像しやすいのではないでしょうか。

東京ドームの面積は46,755m^{2}です。TV番組によっては47,000m^{2}で計算していたりします。

仮に47,000m^{2}なら√で計算すると一辺が216.795mになります。ぴんとこないときは家の面積で再計算しましょう。

東京ドーム18個分の森の大きさは47,000×18、自分の家が100m^{2}だとすれば100で割って、我が家8,460個分、などと計算できます。

ニュースの話題でいうと、戦争で30km^{2}の面積を制圧して前進した、などと報道されることがあります。これも√で計算すると実際どれだけ前進したかがわかります。先の例、30km^{2}だと5.477km前進したということになるわけです。√で計算した数値を見ると、あれ、思ったより進んでない、と思われるのではないでしょうか。下は不動産屋から上は国家に至るまで、面積で言ったほうが大きな感じが出るのでよく面積で解説がなされます。嘘のような本当の話。

この面積を計算するのに都合がいい√の性質を利用したのが、曲尺（かねじゃく）（指矩（さしがね））の裏面です。√で目盛りが切ってあって、これを使うことでたとえば材木から断面積いくつの柱を切り出すときの長さはどれくらいか、ということを計算機を使わずに測ることができるようになっています。

コラム

曲尺って？

指矩とも書きます。L字型のものさしで、昔は大工さんや材木業者の必須装備でした。今も慣用句に残る「差し金」とは指矩のことであるという説もあります。

曲尺の表面（表目）は通常のmmとcm単位の目盛りになっていて、裏側（裏目）には表面の$\sqrt{2}$倍、すなわち1.414cm単位の目盛り（これを角目（かくめ）といいます）が切ってあります（日本ではメートル法以外の定規を売れないので寸尺を無理やりメートルに変換したものが刻まれていたりします)。

さて、どうして$\sqrt{2}$単位なのでしょう。答えは丸い材木から切り出せる角材のサイズ計算に使うためです。具体例を挙げてみます。

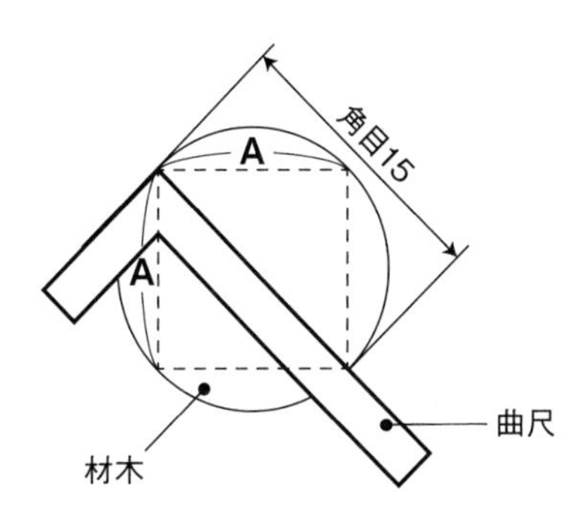

辺Aと直径の長さの比は$1:\sqrt{2}$なので(どうしてそうなるかは三角比の話になるので122頁参照)、図のように円の直径が角目で計って「15」の場合、Aの長さが15cmということになります。つまり、一辺が15cmの正方形を断面とする角材を切り出せるというわけです。曲尺があれば、面倒な計算をせずにこれがわかるのです。

もちろん、関数電卓があればそういう特殊な道具を使わなくても、必要な長さを割り出せます。数値を入力して、ボタンひとつ押すだけです。

√について少しわかったところでもうひとつやりましょう。∛ です。勘のいい人ならおわかりでしょうがこれは３乗の逆、立方体の大きさを計算するときに用います。やり方はまったくおんなじです。

たとえば$15m^3$を入れるタンクの大きさはどれくらいか、などを計算するときは15と入れて ∛x を押す、というわけですね（$2.466m^3$になります）。あるいは、車についている燃料タンクの大きさがどれくらいか想像する際などに計算することも多いのではないかと思います。

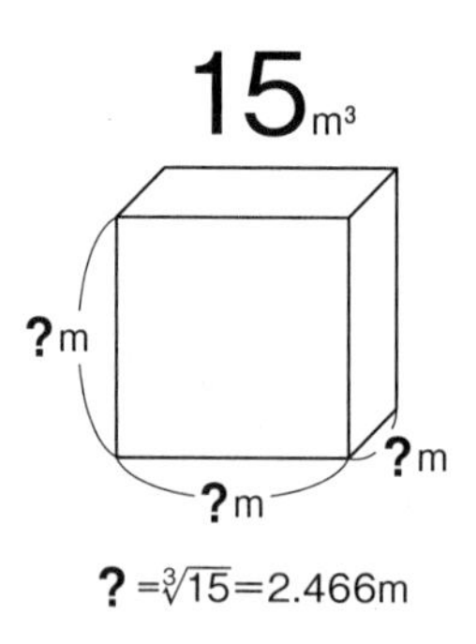

面積以外で√って使うところはないの？　と思う方もいらっしゃると思います。もちろんあります。

代表例は物理ですね。学生時代に使った方も多いでしょう。また電気回路において√は必須になります。

元々が２乗の裏返しとして定義されている関数ですので、２乗に比例したり反比例したりする局面ではものすごく使います。

例で一番わかりやすいのはスピーカーでしょうか。たとえばテレビの音がうるさい。こういうときにスピーカーから離れれば音は小さくなる、ということは経験則で知っていると思いますが、これを計算するのに$\sqrt{\ }$を使います。

音の大きさは空気を振動させる波形の持つエネルギーの大きさで決まります。このエネルギーは物理の授業で習った通り、距離の2乗に反比例します。2乗の反対が平方根ですから、これを使って計算することができるわけですね。授業で習ってない、忘れている、という人も安心してください。関数電卓ならボタンひとつです。

例で言うと、音量を半分にしたいのなら$\sqrt{2}$倍の距離にすることで解決します。3分の1なら$\sqrt{3}$倍の距離でいいわけです。$\sqrt{2}$なら（日本なら）呪文のように覚えている人も多いでしょうヒトヨヒトヨこと1.414……ですね。$\sqrt{3}$ならヒトナミニで1.732……です。距離がちょっと離れるだけで、思いのほか音は小さくなるわけですね。もっとも人間の耳は注目している音をより大きく拾うので、完全に計算通りにはなりません。

この計算はそのまま光量計算でも使えます。明るさを半分にしたいなら$\sqrt{2}$倍の距離にすることで解決するというわけです。

同様に重力や磁力、地震でも$\sqrt{\ }$を使います。出てくる出番が大変多く、生活に結びついたものも多い関係で、関数電卓ではない商用電卓に採用されている関数というのも納得の頻度です。

地震の規模を示すマグニチュードは数値が0.1増えると$\sqrt{2}$倍になります。0.1で1.41倍なわけですから、地震というものは大したエネルギーを持っているわけです。

身近な例ですと、ノートや用紙で使うA4とかA6の紙の大きさは√で規定されています。

A4を長い辺で二つに折るとA5の大きさに、さらにもう一回二つに折るとA6になりますが、このとき長い辺は常に短い辺の$\sqrt{2}$倍になっています。

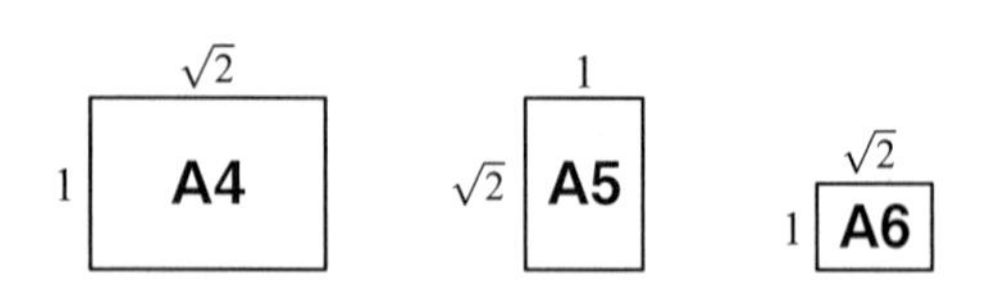

$\sqrt{2}$倍の長さにすることで長い辺で何度折っても縦横比は常に同じで使いやすい（拡大縮小しやすい）ようになっています。

逆に言えば、1：$\sqrt{2}$の長さの紙を作ればA判用紙やB判用紙のように何度長い辺で折りたたんでも同じ縦横比になる紙を作ることができます。

探せばたくさん出てくるのが√です。便利に使っていきましょう。

指数とは何か

足し算を何回も行うのが掛け算です。6×3は6+6+6のことです。

では掛け算を何回もやろうとするとどうなるのか、というのが指数です。3^3は3×3×3です。厳密には「^{3}」の部分が指数になります。3の部分は底（てい）、ベースです。このあたりは第1章でも書きました。

説明を聞けば難しくもなんでもないことがわかるでしょう。手で計算すると面倒くさいですが、そこで関数電卓です。x² や xʸ のボタンを使用して指数を計算してください。

指数のうち、X^2は特に使用することが多いと思います。これは前の項で挙げた√の逆関数がX^2であるためです。

36^2＝1,296ですが、1,296の√を取ると36になる、というわけです。

このため√で説明していた数々のことの逆を計算したいときは、こちらを使えばよい、というわけですね。

√の逆関数がX^2である説明として、√で例にしたスピーカーの話を指数で説明してみましょう。

テレビの音がうるさい。こういうときにスピーカーに近づくほど音は大きくなる、ということは経験則で知っていると思いますが、これを計算するのにX^2を使います。

距離が半分になるなら音の大きさはX^2分大きくなるわけですね。

お年寄りがTVを大音量で見ていてうるさいと思ったら、スピーカーを別に買ってお年寄りに近づければ騒音問題は解決する、というわけです。

この理屈を最大限に生かした商品がヘッドホンです。

そんな指数ですが、√の逆関数としての利用以外にもよく使われます。

特にX^2より上の6乗や10乗……という数字を使います。このあたりになると商用電卓で計算するのは面倒くさいので関数電卓の独壇場になります。

これを何に使うかといえば、金利や現在価値などというファイナンス（金融）で非常によく使います。これを複利計算といいます。これについては第1章でも説明しました。

ここではおさらいを兼ねてもう少し詳しい説明をします。

複利計算について

まず金融とはなにかについて説明しますと、金融とはお金でお金を稼ぐ商売のことを言います。「それって成立するんですか?」と疑問に思われる方もいるでしょうからご説明しますと、通常は時間が概念に加わります。お金を貸して一定期間後に金利とともに元本を受け取ることを、お金でお金を稼ぐと言っているわけです。

別解というか、別の説明をすると、3年後に100万円もらうのと今すぐ100万円をもらえるのでは嬉しさは違います。つまり同じ100万円と言えども価値が異なるわけです。今もらえる100万円と、3年後に釣り合う金額はいくらか、ということを考えたとき、その差額が金利になり得る、というわけです。

金融商品には色々な種類があり、預金の他、株式や債券、年金などがあります。細かく見ていくときりがありませんが、先程の定義通り、お金でお金を稼ぐものばかりです。

お金は当然数字ですから、関数電卓の活躍する場面は大変多いです。専用の金融電卓というものもあります。高級関数電卓だと金融計算機能も備えていたりします。

話を戻しますと、これらの金融商品は一言で言えば今の価値、そして将来の価値で評価することができます。計算するのも基本的にはここです。この他計算するものとして実質的な利率なども計算します。

計算するためにもっとも簡単な債券を例に挙げたいと思います。

とある会社が出した社債（会社の借金）という体裁です。額面は100万円で実際販売価格は95万円です。満期は1年で1年後に額面通りの100万円をもらえます。この社債を買った人は5万円得するわけですね。

この場合、95万円が現在価値で100万円が1年後の将来価値、年利は100/95で1.053です。5.3％ですね。

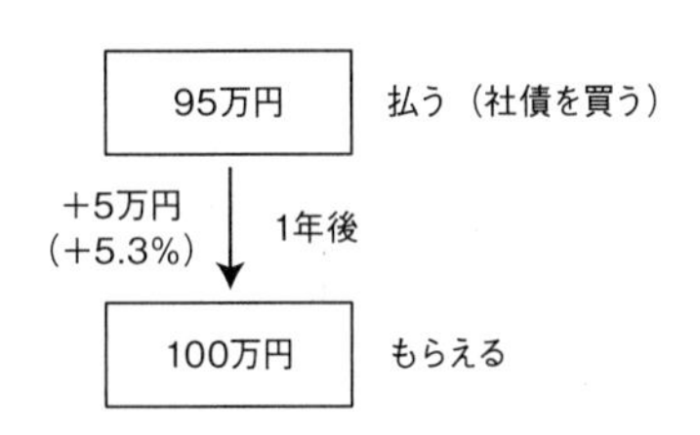

例は簡単なものでしたが、実際は債券が11枚綴りで、うち10枚が金利で毎年受け取ることができて、満期の10年目に元本が返却される……といった感じになります。

この金利が年によって違ったりするので、関数電卓がないと死んでしまいます。

さて、ここで指数の話。5％金利の10年もの、満期に利子も一緒に帰ってくるモデルでいくと、1.05^{10}で計算されます。計算すると1.63倍です。

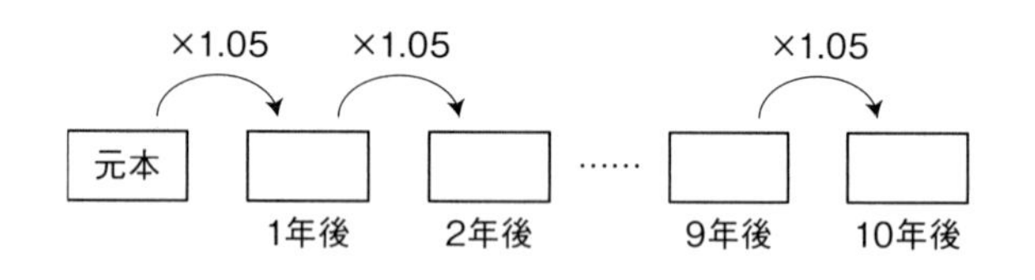

これをふつうの電卓でやろうとすると1.05×1.05×1.05×……と10回繰り返さなければならず、面倒です。関数電卓なら、1.05→ x^y →10と押すだけ。

元本が100万円なら10年後に163万円返ってくるというわけです。

とまあ、こんないい数字が出るなら、みんな金融商品を買っています。実際にはそんなに甘くはありません。

誰もが知っている経営が安定している会社の個人向け社債とかになると、金利は1%をはるかに下回ります。

また一定額以下の預金以外のすべての金融商品には元本割れのリスクがあります。株は下がる可能性がありますし、社債も会社が破綻すると酷(ひど)いことになります。

金利の計算も結構ですが、リスク評価も忘れないようにしてください。ちなみにリスクをとらない場合、金利は常に最低になります。これこそローリスクローリターンですね。リスクを評価してあえてリスクを取る、という覚悟と度胸が金融商品を抱えるための第一歩になります。

少し話を戻して金融の話です。もう少し複雑なケースを見ていきましょう。

とある会社が出した社債（会社の借金）。額面は110万円で実際販売価格は100万円です。満期は２年で１年後に半金の50万円。２年後に60万円です。

さてこの社債、先に挙げた95万円で販売される１年満期と比べてお得なんでしょうか？

この問題、一旦は二つに分けて考える人が多くいます。１年目は50万円出して50万円返ってくるわけですから金利は０％、２年目になると50万円で60万円が戻るわけですから金利は20％です。ここで「２で割って年利10％だ！　額面値もそうだから合っている」……となりがちなんですが間違いです。２年で10％ですから、１年あたりはそれより低くなります。

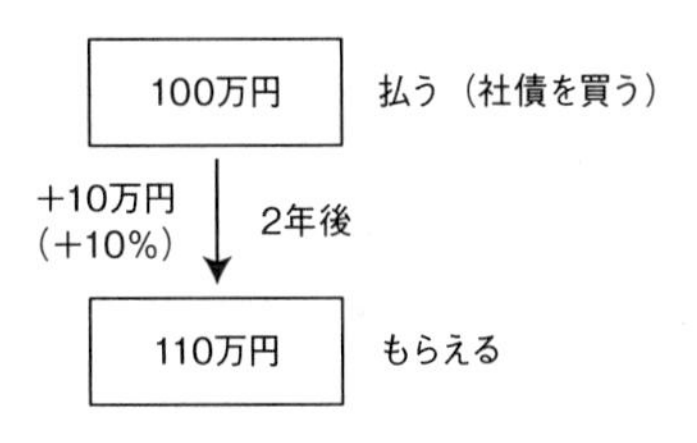

この計算ですがX^2の逆が$\sqrt{\ }$だということを覚えていれば簡単に解けます。$\sqrt{1.1}$で計算すればすぐです。答えは年利1.049％となります。先ほどの社債のほうがお得なことがわかります。

年数が増えたらどうするか？　高級関数電卓には$\sqrt[x]{\ }$機能があります。任意の数を入れることができるわけです。一方で安い関数電卓だと$\sqrt[3]{\ }$までしか入っていません。（数学がちょっと得意だった人は思い出していると思いますが）もちろん$\sqrt{}$は$X^{1/2}$でも計算できますから、$\sqrt[5]{}$を計算する際は$X^{1/5}$と計算しても大丈夫です。

ビジネスの現場ですと、５カ年計画とか言われて５年で売上を２倍にしろ、などと命令が降ってきたときに、役立ちます。

いまの例では$\sqrt[5]{2}$または$2^{1/5}$で計算することができます。答えは1.148。年に15％の売上拡大を掛けていかないといけません。大変です。

オマケ

３年後にもらえる100万円は、今お金にするといくら？

表題の問題は金利が５％とするなら1.05^{-3}乗で計算できます。

−（マイナス）乗ってなによと面食らうひともいるかもしれないので説明すると、年利５％が３年だと前にお話しした複利計算で1.05×1.05×1.05、となります。これを乗数で書くと1.05^3になります。

ではその３年前はどうかというと、−を使って−３乗にします。簡単ですね。

式にすると、

$$現在価値 = 将来価値 \times 年利^{-x}$$

となり、xには年数が入ります。

iPhoneの関数電卓でやるなら1.05と入力し

たあと x^y を押して、+/- のあとに3と入力します。

答えは0.864です。将来価値である100万を掛けると84.64万円になります。

指数はこのようにお金でよく使います。ちょっと練習して使えるようになっておくと先々便利になります。

具体的にどう便利になるかというと、働けないくらいの年齢＝老後になった際の不労所得の手当についてです。

国民の半分が老人になったら今の年金制度や健康保険制度はそのサービスを相当後退させない限り維持できませんから、いずれどこかで金融商品を買わざるをえなくなります。その検討段階で簡単でも計算できる、というのは着手や実際の商品購入までの時間が年単位で変わってくると思います。場合によっては10年以上変わるときもあるでしょう。運用利回り、あるいは金利が年3％にしても10年、1.03^{10}で1.344。百分率で34.4％の差が出ることになると思います。

オマケ2

10のX乗

CASIO系関数電卓の中には $\times 10^X$ というキーがついているものがあります。メガ（10^6）とか、ギガ（10^9）とかの計算に使うほか、何万円か計算する際にも使います。

つまり、$10^4=10{,}000$ で割れば万円単位が出るわけです。CASIOの高級関数電卓には位取り表示がないものがあるので、このテクニックはちょいちょい使うときがあります。

特に設計年次は古いものの、実用性が高く評価されているfx5800pなどでは、頻繁に使うのではないかと思います。位取り表示はSHARPの一番安い関数電卓EL-501Tにも搭載されているんですけどね……。

年利とものの価値

第1章でアイテムの価値を計算したと思いますが、それは金利を含んでいません。

ここまで読まれた方なら、金利の概念を採り入れればより正しいものの価値がはじき出せると思われるのではないでしょうか。そのとおりです。

もしも買わずに運用していたらこれだけのお金になっていたはずだ、と考えるのは悪いことではありません。

第1章の一番安い関数電卓の価値を例に取ると、元々の計算は次のとおりでした。

関数電卓を1,210円（執筆時点で一番安い関数電卓の市場価格です）で購入して4年使い、およそ1年に300日、5回の計算をしたとすると、

1,210÷(4×300×5)＝1回の計算の価値

になります。この場合だと0.202円になります。4年使うなら1回の計算で0.2円くらいのコストが掛かっている。はてこれは安いかどうか、というわけですね。1日あたりなら1.008円です。

これに年利の概念を加えてみましょう。

年利4％を仮に設定したとして、4年で1.04^4です。答えは1.170。

仮に1,210円の関数電卓を購入したとして、4年後は（適切に運用されていたならば）1,415.529円の価値があったはずです。この価値を4年で超えていないと意味がないわけですね。1回の計算は0.236円になります。

もちろん、実際に関数電卓で5回も計算していない、という考え方もできますし、これより先、計算していくことで大きな得をすることだってあるかもしれません。実際はそれらの価値も勘案しないといけません。もちろん面倒くさいので、そこまでやらずに、自分が納得できる程度に計算できればいいと思います。

対数を使おう　自然対数と常用対数

指数というものは掛け算を繰り返すものだと、最初にご説明しました。

これは大昔においては画期的な計算法でもありました。

指数を足し算することで掛け算ができるのです。
　なんのことかわからない人に向けて例を出して説明すると、

$2^4=2\times2\times2\times2=16$

です。これが、

2^8

だとどうなるかといいますと、

$2^8=2\times2\times2\times2\times2\times2\times2\times2=256$

となるわけです。
　では、$2^4\times2^4$ はどうか。16×16なので答えは256です。
　指数部分に注目してください。4+4=8で 2^8 と書くと、確かに掛け算を足し算で表現できます。同様に割り算を引き算でも表現できるわけです。これを指数法則といいます。
　もちろん関数電卓があれば、こういう簡易化は意味をなしませんが、数学の歴史では大きな意味があったわけです。
　今では指数計算は複利計算に代表されるように連続した計算や次元を増やすための計算などに使われています。前に紹介したとおり平面は２乗で立体は３乗、というわけですね。

さて、この指数のもとになったのが対数です。

西暦1594年ですから関ケ原の戦いの前に出現したもので、もちろん今でも大量に使われています。

元々この対数は計算を簡略化する道具として考案されました。考案者をジョン・ネイピア男爵といい、スコットランドの人でした。ネイピア数の名前で今も知られています。

実のところ1594年から遡ること6年前にスイスのヨスト・ビュルギという時計職人兼天文機器制作者が先に見つけているのですが、ネイピアさんは秘匿せずに公表したので名前が広まったわけですね。

さて対数とは指数とほぼほぼ同じです。掛け算の繰り返しの回数を記述する。という部分だけではまったく同じ、ただ、この二つは求めるものが異なります。

実際に関数電卓でやってみましょう。指数の場合は2^8という数字を入れると256という数字が出てきます。iPhoneの関数電卓機能だと2→ x^y →8と入力します。意味するところは同じです。

指数：$2^8=256$

続いて対数です。対数はlog、ln、$\log_a b$という3種類があります。違いはあとで説明しますが、ここでは$\log_a b$を使います。安い関数電卓だと$\log_a b$がないので特別な計算をしないといけませんが、ここでは説明をせずに先に進みます。手元で計算しないでいいので読み進めてください。

$\log_a b$ で a は底、b は答え（真数）です。この例では $\log_2 256$ と書きます。答えは8になります。iPhoneの関数電卓では logy と書かれているものです。

iPhoneでの入力はまず 2nd を押して（これで二番手のセカンド機能が使えるようになります）256を入れたあとで logy、次に2と入れます。

対数：$\log_2 256 = 8$

見ておわかりのとおり、求めるものが違うだけ、というわけですね。対数では指数を求めます。2を何乗すると256になるか、ということですね。

この対数。指数でやったとおりに金融というか金利計算でよく用います。元本の2倍になるとき、金利5％だったら何年かかるんだろう。そういうことを確かめるために使うわけです。

例：元本の2倍になるとき、金利5％だったら、何年かかるか。

$\log_a b$ で計算します。

$\log_{1.05} 2 = 14.207$

iPhoneなら先ほどの例と同じようにまず 2nd を押して2を入れたあとで logy、次に1.05と入れます。

つまり、金利5％の複利でなら14年と少しで元本は2倍になる（元本が300万円なら600万円に、1,000万円なら2,000万円になる）というわけです。1.05の14.2乗で確かめるとよいでしょう。

対数はこのような性質ですから、指数を使う局面ではわりと頻繁に出てきます。対数を使わないと指数で何度も試行錯誤して計算することになるでしょうから、覚えておいて損のない関数です。

log と ln

log と ln は対数の中でも特によく使われるものです。$\log_a b$ がない関数電卓はあっても log と ln のない関数電卓はありません。それぐらい使われています。SHARP の EL-501T はその例ですね。膨大な数が学校で採用され、教科書を置き換えるのが大変なせいで今も現役の CASIO　fx-290 とかもそうです。

log は常用対数といって底（ベース）が10のもの。

ln は自然対数といって底（ベース）が e（後述）のものをいいます。

それぞれを $\log_a b$ の形式で書くと、

log が $\log_{10}$
ln が $\log_{2.7182\cdots\cdots}$

になります。

ただ、$\log_a b$ さえ使えれば代用ができるので、わざわざ覚えなくてもいいかもしれません。

さて log こと常用対数はどこで使うのか。答えは簡単で、莫大な数を扱うときに使います。0が何十もあるような数字で計算する場合、log は役に立ちます。

1京というより1×10^{16}と書いたほうが読みやすいわけですから、そりゃ普及もします。

具体的な使用例で身近なものを挙げていくと、まずは人口ですね。お金にも使います。変わったところだと天文学でしょうか。文字通り天文学的な数字を扱う際、たとえば隣の星系までの距離などを計算するときに使います。他では地震のエネルギーを示すマグニチュードは常用対数ですね。酸性アルカリ性を示すpH（ペーハー）値も常用対数です。

0が多いととにかくやたら出てくる対数なので、常用対数と呼ばれているわけです。金利計算とかしない人は常用対数だけでいいと言い張る人もいます。

常用対数が一番よく使われたのは電卓発明以前でしょう。計算尺は主に常用対数を使って作っていきます。若い読者の方だと計算尺と言われてもわからないでしょうから説明すると、対数目盛りの入った定規（今だと円盤です）二つを組み合わせて、数字を読むことで掛け算や割り算の結果を得ることができる道具をいいます。スタジオジブリの映画『風立ちぬ』で主人公が使っていた定規みたいなやつがそれです。

電卓がない時代は計算尺でさまざまな計算をしていたものです。

次にlnです。lnの底2.71828182845904……はネイピア数eと呼ばれる、数学定数のひとつです。

詳しい説明は省きますが、このネイピア数eとlnは微分積分と解析学で頻出します。lnは自然対数というくらいですから自然界（ここでいう自然とは物理の世界の意味です）ではありふれており、たとえば電気回路や機械学習などで使います。これだけでもう、人類社会に欠くことのできない重要なものであることがわかるのではないかと思います。

基本的な関数のひとつである双曲線関数にもネイピア数 e は出てきます。厳密には双曲線関数の研究途上で姿を見せたのですが、さておき。

その使用頻度の高さゆえに円周率 π のような数学定数のひとつに位置づけられて、ほとんど全部の関数電卓に搭載されています。ここでいうほとんどというのは、1970年代には搭載されていない機種もあったという意味で、現代で販売されている機種には全部搭載されています。

コラム

$\log_a b$ がある機種を持っていない人のための変換式

日本で一番安いと思われる関数電卓であるEL-501T（ヨドバシカメラでは1,210円でした）これは、1行表示という制限のなかで、とても考えられたよい関数電卓なんですが……$\log_a b$ が入っていません。

しかし、$\log_a b$ を使いたい。そんなときもあるでしょう。この本では $\log_a b$ で説明しているのですから、当然です。そういうときは変換式を使用します。

$$\log_a b = \log b \div \log a$$

これだけです。logは常用対数のlogでももちろん自然対数のlnでも構いません。

しかし若干面倒ですよね。$\log_a b$を何度も使うようであれば、もっと高い関数電卓を買ってもいいと思います。

微妙なる1/Xについて

大抵の関数電卓には[1/x]ボタンがあります。1/Xが関数かどうかというとこれまた微妙なのですが、関数電卓の機能として入っているのは間違いありません。

定義としては、

$X \times Y = Y \times X = 1$のとき、$Y$は$X$の逆数

です。難しそうに見えて全然難しくない話で、9×1/9は1、1/9×9は1というだけです。はい。

つまり、見ての通り入力した数字で1を割った数字が出てくるというわけです。

1/Xの頻出例としてはサイコロ、または月割などの計算です。六面体サイコロで1が出る確率は何%か求める際には重宝します。6と入れた後で[1/x]を押すだけで、1/6の確率が出てくるわけです。百分率（%）に直すと

きには100を掛けましょう。

また燃費計算にも使います。1リットルで32km走った、とかなら逆数を使えば1kmあたりの消費燃料を計算できます。32と入れて 1/x を押すだけです。

これ以外でよくあるケースでは消費税ですね。総額表記（内税価格）の商品の本体価格を求めるとき、消費税が10％ならこれの逆数をとって内税価格と掛ければ、本体価格が出てきます。

たとえば1,500円（内税）、消費税10％の商品の本体価格は1.1の1/Xに1,500を掛ければ出てきます。答えは1,363.636円です。

同じ方法でダイエットとかで15％痩せたいんだよねえとか、家計が苦しいので5％支出を減らしたい、なんてときも簡単に計算できます。

海外だと割り算が嫌いなあまり（あるいは割り算に自信がなくて）掛け算だけで全部やろうという人が一定数おり、そういう人が使ったりもします。

と、ここまで説明してきましたが、実はこの逆数ボタン、いらない子あつかいされることもあります。割り算するのとほとんど入力の手間が変わらない、というかシフトキーを使った入力、すなわち裏機能に割り当てられている場合は、特にボタンの押下回数が同じだったりするためです。関数電卓を使って30年とか40年とかの人も、この機能は使用したことがないとおっしゃられることは結構あります。あるいは、うっかり1÷ を入力しそこねて、カバーするときにだけ使う、みたいな人も。

もっとも、数学科や物理学科の大学生の場合だと1/X

は授業と課題で、積分やら微分やら対数やらマクローリン展開やらにうんざりするほど登場するので、結構便利に使っていらっしゃる印象があります。

ちなみに逆数の本領は微積分の他にもうひとつ、行列を計算するときです。関数電卓では行列は基本的に扱わないと思いますので説明は省きますが、行列での逆数はよく使う、くらいは覚えておいてもいいかもしれません。

第 3 章

読者の役には立たない!?
関数電卓のスターたち

この章の4行まとめ

・読者があまり使わないであろう関数について、ここでは解説する。
・三角関数、双曲線関数、微分積分について語る。
・三角関数は関数世界のスターであり王様である。
・双曲線関数は電線などで活躍する。

この章では、世間一般では大変に使われているけれど、この本の読者は普段使わないであろう関数について解説します。

使わないなら説明しないでよいのではないか。その通りなのですが、想定する読者以外の関数電卓使用者の大部分が使用しているであろうという機能ですし、言い方を変えれば関数電卓を語る上では外せない関数たちでもあるので、さわりだけでも紹介しようと考えています。

面倒くさければこの章は読み飛ばしても構いませんし、暇つぶしに読んで話の種にしてもいいでしょう。おすすめはうろ覚えする程度に読むことです。

知識というものは持っているだけで価値のあるものです。うろ覚えでも知っているということは人間のできることを大幅に拡張します。

0から1を作るのは大変な苦労を伴いますが、うろ覚えでも知っていることは、0ではありません。苦労のレベルが根本から異なります。そういえば、あの本にあったな、程度の記憶でもあれば、本を開けば必要なときに調べることができます。

それに、関数というものはこういう動きをすると知っていれば応用がききます。いざというときの応用のために、うろ覚えしてみましょう。

三角関数の話

「三角関数なんてどこで使うの?」という疑問を口にされた有名人がいたそうです。現代においてはなかなか勇気がいる意見だと言うべきでしょう。なぜならちょっと調べればいたるところに答えが書いてあるからです。

たとえば関数電卓のパッケージの裏に、どの分野で使えるのか書いてあったりします。私はこのパッケージの裏の表示を見て、なんて無駄なことが書いてあるんだろうと常々思っていたのですが、先の有名人の話を聞いて意見が変わりました。なるほど必要な人もいるらしいと。

分野	搭載機能	
電気・電子	三角関数・双曲線関数	●
	指数・対数関数	●
	複素数計算	●
	2進・8進・16進計算	●
物理・化学	三角関数・双曲線関数	●
	標準偏差・乱数	●
生産管理・品質管理・実験	順列・組合せ	●
	階乗計算	●
	統計計算(1変数)	●
	標準偏差・乱数	●
情報処理	2進・8進・16進計算	●
	時間計算	●
機械・工作	三角関数・双曲線関数	●
	指数・対数関数	●
	座標変換・角度変換	●

分野	搭載機能	
数学	三角関数・双曲線関数	●
	指数・対数関数	●
	順列・組合せ	●
	階乗計算	●
	複素数計算	●
	定数計算	●
土木・建築・測量	三角関数・双曲線関数	●
	指数・対数関数	●
	座標変換・角度変換	●
	度分秒変換	●
生物学・医学・薬学	指数・対数関数	●
	標準偏差・乱数	●
経済学・社会学・統計学	指数・対数関数	●
	順列・組合せ	●
	統計計算(1変数)	●
	標準偏差・乱数	●

73 関数・機能

主な関数・機能

- %
- 三角関数
- 双曲線関数
- 時間計算
- 座標変換
- 指数・対数
- 順列・組合せ
- 階乗
- 2進・8進・16進計算
- 1変数統計計算(標準偏差)
- 乱数
- 複素数計算

操作性を向上する便利機能

- 定数計算
- 連続計算
- 3桁位取り
- オートパワーオフ

○シャープ電卓ホームページ https://jp.sharp/calc/

T4550556103381

台紙

袋 :>PP<(ポリプロピレン)
カバー :>PET<(ポリエチレンテレフタレート)

シャープ株式会社
MADE IN CHINA
SPAKC B415 EHZZ
(B8075)

SHARP EL-501T の裏面

三角関数は関数界のスーパースターです。古典的でもあり、これまで発表された数学論文数も三角関数に関するものがトップで、そうそう交代しないと思われます。

三角関数は歴史と伝統のある関数です。最古ではないですが、それでもその名がつけられて900年以上の時間が経っていますし、日本名である「正弦」「余弦」などの表現で一番古いものは関ケ原の戦いから30年ほど後の1631年だったりします。つまりはそれくらい、歴史と伝統があるわけです。世界中に伝播していったところからして、大変に有用だったと推察できますし、実際、大変便利です。

三角関数を使う業種についてお話しすると、土木・建築・測量、音響、機械（工作)、電気、電子、情報ときて、物理や化学にも使います。エンジニアリング（工学）の分野においての大巨人が三角関数と言ってもよいでしょう。

三角関数はかつてコンピューターゲーム制作でもよく使っていました。昔のシューティングゲームの敵の動きなどは、そのまんまこれだったりしますし、人の調子の上がり下がりを周期的に表現するバイオリズム（今では否定されていますが）をゲームで表現するのにも使ったことがあります。

もちろん歯車の計算とか取り付け角度を計算したりにも使います。

関数電卓とはボタンひとつで関数を計算する計算機なのですが、このボタンの一等地に三角関数が割り振られています。それだけ重要、というわけです。

三角関数がない場所というのは地球上を探してもかなり少ないものです。なぜならかつては航海に多用されていたためです。必然的に、多くの場所で三角関数が使われた痕跡を見つけることができます。

それ故に三角関数が溢れすぎて、空気みたいな感じになっているのかもしれません。だからこそ三角関数なんてどこで使うの？　という疑問になるのでしょう。

では、三角関数が知られていない、または使われていない場所は実際どうなっているんでしょう。私は取材旅行でそういう場所に行ったことがあります。ロシアの開発から取り残された伝統的な村でした。

これが、大変不安になる村で、びっくりした覚えがあります。三角関数が使われていない建物とは、要するに勘と経験で位置合わせして建築していくわけですが、どれもビシッとしていない。まっすぐではないわけです。位置合わせでちょっとずつ削って帳尻を合わせた結果ですね。

木材などの都合もあるのかもしれませんが、どこもかしこも曲がっていてまっすぐな部分がありません。それでだんだん不安になってくるわけです。法隆寺などは三角関数以前の建築物なので、日本でもこうした建物は探せば見ることができるのですが、装飾がない簡易な建築だと、露骨に気になります。建築物の装飾にも相応に意味があったんだなあという次第です。

ということで、次の節では三角関数のお話をしたいと思います。

三角比からの三角関数

三角関数が生まれる前、建築などでは三角比が多用されていました。直角三角形の各辺の長さの比がそれぞれ $1:2:\sqrt{3}$ や $1:1:\sqrt{2}$ になるというあれです。

直角（90度）があってその他の角が30度と60度であればどんなに拡大しても1:2:$\sqrt{3}$になるし、直角以外の角が45度・45度であれば1:1:$\sqrt{2}$になり、びしっと決まるわけです。小学生のときに使ったであろう三角定規のそれぞれがこれです。

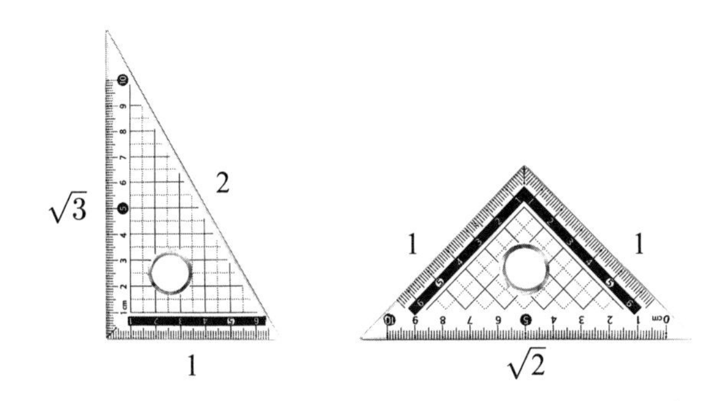

三角比を守っている限りは一辺が100m（1,000mでも）という大きさの図形もちゃんと書けますし、角度が同じであれば、一辺の長ささえ測ればあとは実測しないでも長さがわかるというわけです。

三角比を守った（そして三角比を組み合わせた）構造の設計図が1枚あれば、同様の建造物を拡大縮小していくだけで、大量生産が可能になります。急いで作る建築物である戦争のための城や、入る人のスケジュールを考えて急がないといけないお墓は三角比を駆使しないと納期に間に合わなかったであろうと思われます。

身近な例だと日本なら前方後円墳がそうですね。古代は円と三角比で大体の巨大建造物を作っています。

三角比を多用すると飽きられるので、時代が進むと装飾やら置き方やらで三角比を隠すようにする建築物も増えていきます。

この三角比を発展させたのが三角関数です。わかりやすく言うと、直角三角形の直角以外の角度θがわかれば比を計算できるぞ、というものです。

これによって限られた角度の三角形のみで計算されていた比率が、いろんな角度で計算できるようになったわけです。

式で書くと大変簡潔で以下のようになります。

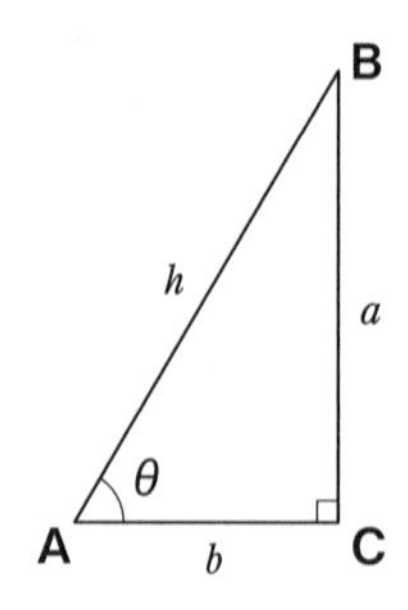

のとき、

$$\sin\theta = \frac{a}{h}$$

$$\cos\theta = \frac{b}{h}$$

$$\tan\theta = \frac{a}{b}$$

θの角度ごとに、三辺の比率が決まっているわけですね。サイン・コサイン・タンジェントと呪文のように覚えている方も多いと思います。

高校数学の授業で苦しんだ記憶がよみがえってきた方もいるかもしれませんが、関数電卓なら式を覚えないでいいので、ここまで読んで「無理!」とならなくても大丈夫です。

特に多用されてきたのがタンジェントです。

タンジェントを使うとランドマークの高さと、頂点までの角度から距離が計算できるようになります。ランドマークを地面から垂直に見立て、角度を計測すると、角度ごとに一定であるランドマークまでの距離とランドマークの高さの比にもとづいて距離を算出できる、というわけ。

実際に計算してみましょう。東京タワー333mに対して、地面から角度20度で頂点が見えたとき、距離は何mになるのか。

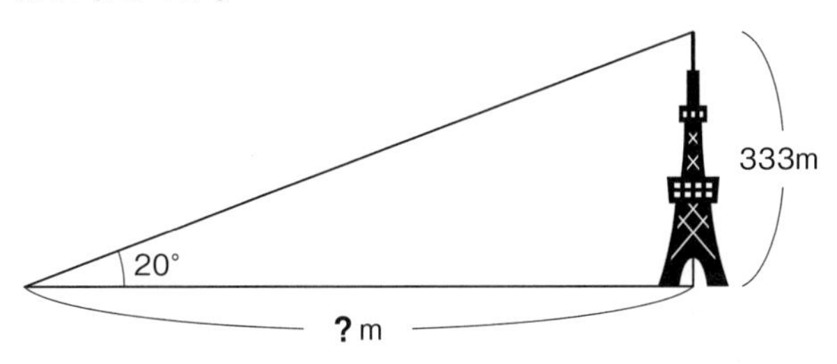

計算式としては先ほどの$\tan\theta=\frac{a}{b}$を変形させて底辺$b=$高さ$a\div\tan\theta$という式で行います。

ランドマークまでの直線距離 = ランドマークの高さ÷タンジェント（海抜0mで見えるランドマークの角度）

iPhoneの関数電卓で計算する場合、20を入力してから tan を押すと、tan20°の値が出ます。その数字を333で割りましょう。914.909と出たと思います。915m離れていることがわかるわけですね。

同じ要領で山の高ささえ知っていれば自分がどの位置にいるか、関数電卓で計算できるというわけです。もっとも実際には地面の高さやあなた自身の高さも加えないといけませんから多少面倒にはなる（足し算しないといけません）のですが、それにしたって関数電卓を使えば簡単に答えが出てしまいます。

逆に高さを求めることもできます。10mの距離から高さamの木の高さを求めようというとき、角度θさえわかればタンジェントで高さを求めることができます。$\tan\theta = \frac{a}{b}$を変形させて、高さ$a = \tan\theta \times$底辺bというわけですね。

角度が40度とするなら、40→ tan と入力してタンジェントは0.839。これに10を掛けて、8.39mであることがわかるわけです。地面に分度器を置き、印をつけるのが面倒なので目の高さの位置に分度器を置いて測ったとして、目の位置までの自分の身長が1.6mならこれも加えればより正確な高さが出ます。答えは9.99で、約

10mの高さの木であるというのがわかるわけです。

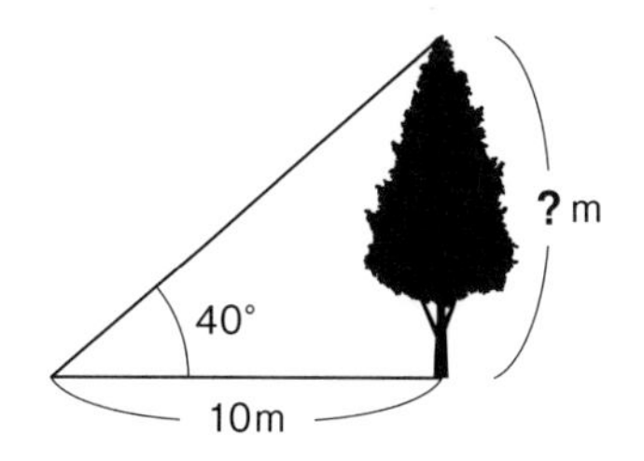

先程はランドマークを垂直に見立てていましたがゴロンと倒して計算することで別の計算をすることもできます。船に長さ300mの紐をつけて、もう片方の端にあなたがいて、その紐を持っています。まっすぐ紐が伸びたとき、船とあなたは直線上にいるわけですから、ここから90度の角度の直線を引いていけば、同じように計算できます。

第三の計測者がたとえば湾の端まで歩いて、船とあなたとの角度（図中のθ）を計測すれば、あとは同じ方法で第三の計測者とあなたの距離を計算することができます。

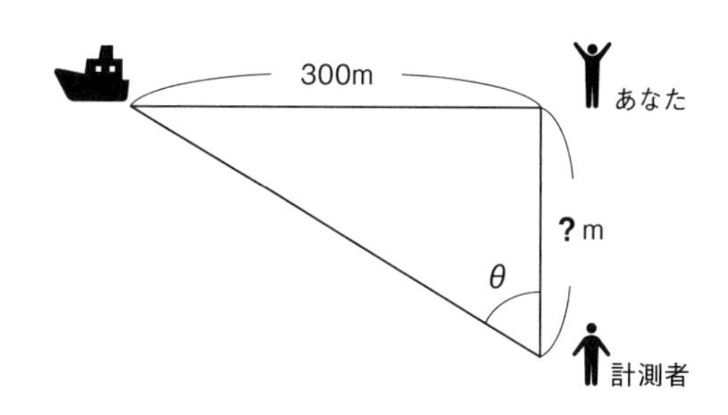

この角度計測を繰り返して距離を計算し、積み上げていくと地形図をつくることができます。

定規で一点から直線を何本も引いていって図形を書いていくというわけですね。

これが三角測量の基本になります。Aの距離が固定でθを計ることができたら、タンジェントを使用してBの距離をはじき出すことができるわけです。

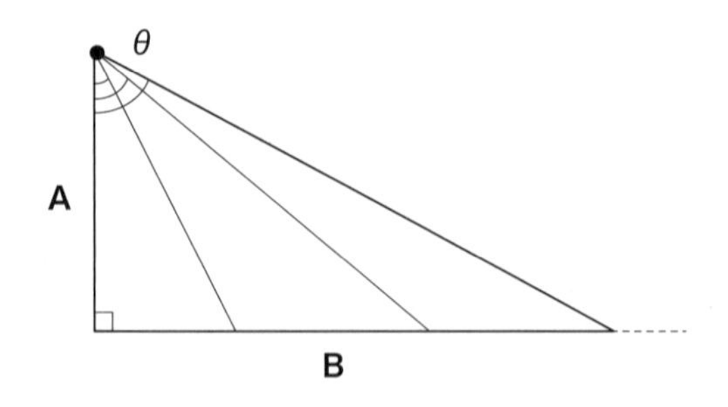

この手法は測量だけでなく、戦争にも多用されています。

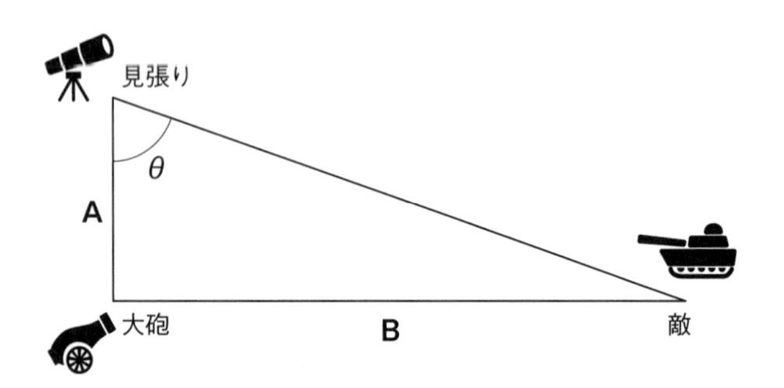

こういうわけです。これを測距といいます。直線距離さえわかれば、弓なりの弾道を描く大砲でもきちんと着弾させることができるようになります。

それまでまっすぐに飛ばすしか命中させる方法がなく、短い射程だった大砲が劇的に射程が伸びたのはこの測距が実用化されてからです。

タンジェントはもうひとつ、とっても大切な仕事をします。それが天測です。

昼間、1mのまっすぐな棒を水平な地面に立てて、棒にできた影の長さ（*A*m）を計ります。すると、タンジェント（tan）を求めることができます。

タンジェント（tan）=1/ 影の長さ（*A*）

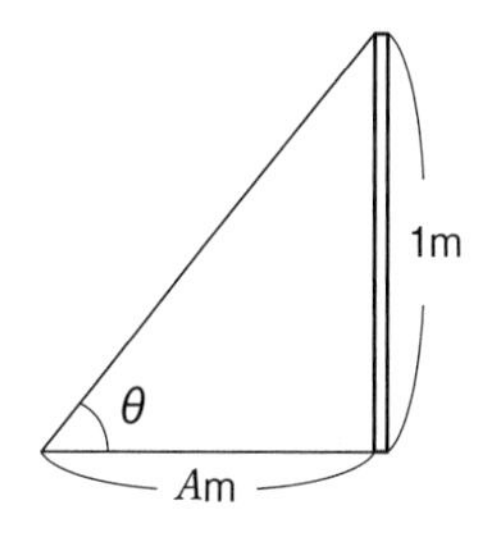

つまり二辺の長さがわかれば角度θが導き出せるわけです。関数電卓でこれを求めるときにはタンジェントの逆関数であるアークタンジェント（$\tan^{-1}$、または cot）を使用します。逆関数とはある関数の逆の動きをするもので、今回の場合でいうと角度を入力すると比が出てく

るのがタンジェント、比を入力すると角度が出てくるのがアークタンジェントになります。たとえば$A=4$とすると、$\tan\theta=1/4=0.25$。アークタンジェントを使えば、このときのθを求めることができます。iPhoneの関数電卓では、2nd を押すと tan⁻¹ が出現します。0.25→ tan⁻¹ と押して、答えは14.04度です。

話を天測に戻すと、1mの棒に接する斜めの線＝太陽光線は直線上にありますから、これはそのまま太陽の角度、ということになります。これは三角関数が発見される前から表の形式で記録されていて、太陽の位置で測量するための大事なツールになっていました。

今では関数電卓ひとつで数表も何もいらないのですから便利な時代になったものです。

このような方式でタンジェント（アークタンジェント）は大活躍したのですが、他の三角関数のうちサイン（sin）も地球の大きさを計るときに大変役に立ちました。エラトステネスという古代の賢人が概算していた結果のほうがその後（コロンブスの時代）の計算よりも実際の大きさに近いということがわかったのは、三角関数が発展しだしてからです。もう少し前に地球の大きさをちゃんと計算していれば、コロンブスさんもアメリカ大陸近くに西インド諸島とか北アメリカにインド人（インディアン）が住んでいるなどという恥ずかしい間違いをしないでよかったんですが。

ともあれ、三角関数を用いることでいろんな三角形で計算できるようになって、建物の複雑さも急激に上がっていきました。

もちろんそれだけではありません。三角関数は面倒な土地争いにも大活躍します。面積を簡単かつ手早く計算するときに三角関数は多用されます。

変な形、歪（いびつ）な形の土地の図形を直角三角形の組み合わせでまずは分割、再現します。あとは各三角形の辺の長さをいくつか実測していけば、そこから三角関数を用いて実測していない辺や接する各三角形の辺の長さを求めることができ、そのまま面積を計算することができるようになるわけです。四角い土地なら二辺を実測するだけで面積を計算できるのですが、そうでない土地のほうがはるかに多いため、三角関数を使ってなるべく実測回数を減らして計算する方法が普及しています。

電気や音響では波が重要になります。周波数という言葉は聞いたことがあるんじゃないでしょうか。あれはだいたいサインカーブといって、サイン（sin）に数値を連続的に入れていってグラフを書くことで表現したりします。与える数字を2倍にしたり0.5倍にしたりで変えていけば、波を大きくしたり小さくしたりすることができます。

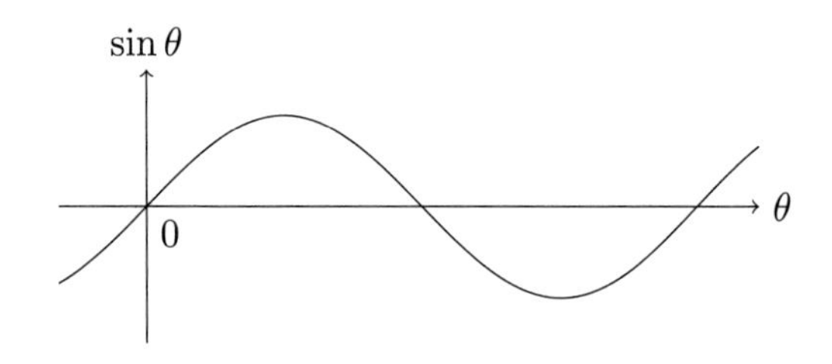

電気回路で音を出そうというシンセサイザーや電子楽器は三角関数を駆使しています。鋸（のこぎり）の波形や三角波、矩形波など、どれも三角関数から導くことができます（フーリエ級数展開を使うこともできますが、三角関数から離れるのでこちらの説明はカットします）。

機械に目を向けると、ボルトやネジの螺旋（らせん）。あれを横から見るとサインカーブになっています。螺旋を二次元に写し取るとサインカーブを描くというのは重要な発見のひとつでして、おかげで初期の機械設計は成り立っていたところもあります。歯車の設計のときに欠かせないインボリュート関数とともに、三角関数は機械の基礎のひとつ、ともいえる重要な役割を担っています。

コンピューターでは三角関数で円を描くこともします。長さを決めて角度θを変えながら動かすと円を描く特徴を利用したものです。単位円、で覚えている方もいらっしゃると思います。

三角関数も随分と酷使されたものですが、それだけ便利であった、というべきでしょう。

このようにざっと述べるだけでわらわらと使っている局面が出てくるのですから、三角関数は余程便利だということができるかと思います。ちなみに先述した以外にもたくさんありますので、思いついたら余白にでも書いておいてください。

三角関数を使うケースを考えてみよう

そんな便利な三角関数ですが、たとえば事務員とか弁護士とか政治家とか保険屋さんの仕事では三角関数を使ったりしません。

何故か。周波数や円や螺旋、三角や面積などと程遠いから、という言い方もできますが、その実は三角関数を使ったあれやそれやにお金を払っているからです。住んでいる家にも電車賃、スマホ、すべての家電製品にも三角関数は含まれているわけですから、三角関数とは完全に無関係というのは結構難しいと思います。

そんなに便利なら自分でも使ってみたいと思われるかもしれません。

ただ、周波数や円や螺旋、三角や面積に関係しないと三角関数はなかなか使わないのも事実です。

逆に言えば、ちょっと変わったことをするために三角関数を使うというのはよいアイデアです。

いくつかあるので、順に見ていきましょう。

ひとつ目は、波です。周波数というくらいですから、定期的に上がったり下がったりする波をサインやコサインで表現できます。実際にサイン波、コサイン波という名前の言葉があるくらいです。私は人生にメリハリをつけるために、お金を使う時期と使わない時期に極端な差をつけるためにサインカーブを使っています。

毎日1度ずつ増やしつつ、サインボタン。すると90度（の倍数）を頂点（1）に、0までの増加をしたり減少していったりを繰り返します。これにお金を掛けていけば勝手にメリハリができたりします。ボーナス支給日を90の倍数にしつつ増加数を2度にしたり色々変えて波を自分で作ることができます（これまでにも何度かお話をしましたが、式を自分なりに変えるのがよいと思います）。

人間、なんにもしないと平坦、平凡、いつも通りの生き方をします。

理由はひとつ、人間の脳というものは、はちゃめちゃなカロリー消費源であり、このカロリー消費を可能な限り抑えるための本能として、脳をなるべく使わない方向へ向かうためです。

もちろんそれだって悪い話ではないんですが、これをやっていると人生が一瞬で過ぎ去り退屈な方向へ向かいます。それでは悲しいと思ったら、人生に波を入れるのも悪い話ではありません。ちなみに筋トレとか仕事の頑張りとかに波を作ることもできます。仕事も筋トレも波があったほうがよいものです。常に一定だと単調になったり、それに最適化されて融通が利かなくなったりするために、意図的に波を作るわけです。

仕事の波について補足すると、常にがんばれというのは口では言えますが実際には人間は疲弊するのでこれはできません。機械だってメンテナンスする機会があるわけです。休日を使ってこのON/OFFを作る人も多いと思いますが、実際にはON/OFFは落差が激しすぎて休むのにも仕事するのにも向いていません。休日明けに不登校者や退職者が出る原因のひとつはこのON/OFFの落差です。中間をつけないと人間は参ります。

ですので、意図的に水曜日を頂点に波を作って仕事するなんてことをやるのはいい手です。制御されていない調子の波よりは意図的に作ってコントロールする波のほうがよいものです。水曜を頂点にした波なら、90度を頂点に3日で割って30度ずつ増えるサインカーブで簡単に計算することができます。

水曜を頂点（1）と置いたとき、sin(90)と書きます。

火曜木曜はsin(60)で0.86660
月曜金曜はsin(30)で0.5

になるわけですね。月曜金曜は5割の力で臨みましょう。もっとも、長年の経験で月曜金曜は軽めのメニューになっている職場も多いはずです。

二つ目は運動です。三角関数を使った測量を取り込み、運動しましょう。

測量なんて三角関数を使った機器であるGPSなどが普及しているわけですから、あえて自分で計算する必要などはないのですが、それはあくまで実用的な話であって、自分が遊んだりする分には三角関数を使っても悪いことはありません。

関数電卓でなんとなくの角度から距離を計算した結果を、外に出て確かめに行ってもいいわけです。同様に地図作りを自分でやってもいいでしょう。土地の面積を測ってもよいです。これらは思いのほかいい運動になります。

人間は定型的な負荷を継続で与えると、それに最適化して融通が利かなくなっていくので、運動する際にはある程度ランダム性があったほうがよい運動になります。そのランダム性を作る道具として三角関数を使うことができるわけです。

ランダムといえば、三角関数を使って暗号化したり復号化することがあります。強力な暗号ではないのですが個人で使う分には十分なもので、私の場合は誕生日を入力してサインボタンを使った後、数列のうち1をIに5をEに置き換えたりしていました。もっとも今ではパスワードをスマホなどで生成管理できるので必要ないといえば必要ないのですが、そういう使い方もある、ということで。

三つ目はDIYです。アメリカの田舎のお宅には工具箱に関数電卓が放り込まれていることがまあまああありますが、この関数電卓は何に使われているかというとDIYで電気工事をしたり建築したりするときに使われていたりします。自分で丸太を切って並べてログハウスを作ったりするのであれば、確かに三角関数は多用されるわけですね。

そんなの日本の土地事情では許されないですよ。ごもっとも。それでしたら模型や電子工作という手もあります。自分でなにか作ろうとすると三角関数は急に頼もしくなってきます。

ラジオを自分で製作する場合、関数電卓はものすごく重宝します。チューニング回路などを自作するために三角関数は使いますし、実際作って完成したときの感動もひとしおです。

同様のものとしてはゲームプログラミングをする際にも三角関数をよく使います。架空の月の動きをサインカーブで擬似的に表現するというのは、ゲームを作るうちに必要にかられて使うことも多いと思います。

ゲームと言わないでも、コンピュータープログラムを利用したアート作品でも三角関数はよく使います。リサジュー図形とか。これらもDIYの中に入れてもよいと思います。ものを作るなら三角関数というわけですね。

四つ目は三角関数がどこで使われているのかを探すゲームです。

頭の体操として普段から三角関数がどこで使われているのかを考えるのは大変よいトレーニングになります。言い換えれば関数を実生活に応用する訓練でもあります。最初はネットで検索するところからでもよいので、知識を仕入れて、そこから推理を行うようにしてみてください。

コラム

グラフについて

数学の授業をはるか昔にやってそれっきりの人は、関数でどうやって波ができるんだっけとか、そういうことも忘れているかもしれません。そんな方のために、解説しておこうと思います。

答えだけ先にお話しすると、波とか懸垂線などとは関数のグラフの形のことをいいます。

関数である数値を入力すると、ある数値が返ってきます。sin30°と入れれば、0.5と返ってくるわけです。これの数値をグラフ用紙に点で記し、次 sin31°（＝0.515）、さらにその次32°（＝0.523）と時間 t を横軸に、ずらしながらどんどん点を打っていけば波の形になる。というわけです。

これを線グラフと言います。

この世には色々なグラフがありますが、数学で主に使用するのは線グラフです。この本でもグラフについて話をしたら線グラフのことだと思ってください。

この線グラフは微積分においても使用します。

関数電卓の中にはグラフ関数電卓といってグラフ表示機能のあるものがあります。関数を入れたら自動でグラフを表示してくれるので大変ありがたいのですが、お高いのが難点です。Excel や Google スプレッドシートでもグラフは描けますので、そちらのほうが安上がりになるかもしれません。

実際グラフ電卓は必要なのかは意見の分かれるところで、日本で実売されているものでいうと CASIO しか作っていません。

関数電卓を片手に計算しているときは PC の前から離れたいとき、というのは私もそうなので、グラフ関数電卓は有用なのですが、じゃあ他人におすすめできるかというと結構悩みますね。
あと大きくかさばるのが問題です。

双曲線について

双曲線hyp（hyperbolaの略）は高価高度でない関数電卓において一等地（押しやすい場所）に置いてあります（スマホの関数電卓にはなし）。きっとよく使うのだろうなと思ったあなたは正しい。その通りです。特に電気、土木、建設などの現場でよく使われます。このため大学とか研究室で使うことが主な高価高度な関数電卓では、使いやすいところに置かれていないことがあります。

双曲線は本来名前の通り対になるグラフなのですが、関数電卓で使う場合は名前ばかりというか、1本だけ（つまり数値も1個だけ）でてきます。電卓で使うのであればこちらの方がよいと思います。

双曲線の式を書いてもこの本の読者には意味がないと思うので、グラフの話をしますと、身近な双曲線はパラボラアンテナの断面です。メガホンや電波望遠鏡にも同様に使われています。古くは電灯の傘などが双曲線になっています。懐中電灯は今でも傘部分が双曲線になっています。

電波でも光でも音でもいいので、捕まえて一点に集めようとすると最高効率はこの形になるので、よく使われます。

逆に受け流しにも使われます。掛かる力を均等に分散できるので屋根に双曲線を採用することはそれなりにあります。いわゆるアーチ構造です。アーチ構造をした石橋や建築物などがその例になります。

先程パラボラアンテナの話をしました。parabolaとは放物線のことなので話が違うと憤慨される方もいるかもしれません。私も高校時代、違うじゃんと思ったものです。

実のところ双曲線も放物線も同じ円錐曲線と呼ばれるものでして、なかでも双曲線のうちハイパボリックコサインのグラフは放物線グラフによく似ています。

しかし、「似ている」と「同じ」は違うものです。放物線はボールを投げたときの自然な動き、一方ハイパボリックコサインは懸垂線といって紐の両端を持ってだらーんとさせたときの線。この二つは似ていますが違います。

歴史的にいうと、懸垂線は最初ガリレオ・ガリレイが放物線だろうとしていたのですが、なんか違うとなってベルヌーイが双曲線の中のハイパボリックコサインとして再度認定し直した経緯があります。

よって放物線の他、ハイパボリックコサインも関数電卓の関数として入っているわけですね。cosh のボタンです。

ハイパボリックコサインは名前の通り三角関数によく似た性質をしていまして、それゆえに変換変形が楽だったりします。

このため、通常は使い勝手のいい双曲線関数（の中のハイパボリックコサイン）を放物線の代わりに使うことのほうが多いと思います。

そんな双曲線なのですが、事務職で使うことはありません。三角関数はよく引き合いに出されても、双曲線に至っては皆さんの記憶にも残ってないくらいの扱いです。
逆に現場に出るときは相応に使います。電柱にかけてある架空線、あれの垂れ下がりについて考えだすとどうしても双曲線関数（の中のハイボリックコサイン）を使うことになります。電柱に登ってちょっと計算とかはさすがにありませんが、それでも使用頻度は多いので関数電卓の一等地に置いてあったりするわけです。特に小型で持ち運びやすい関数電卓はこの理由で双曲線を押しやすい場所に配置しています。

と、ここまで一般論を書いた上で申し上げますと、事務職で使わないからといって、この本で使わないかというとまた別です。双曲線のグラフは面白い形（他で再現するのが面倒な形）をしているので使用することはそれなりにあります。
グラフの形から使い方を決める方法については第4章で説明します。

重要度が高い割に双曲線はあまり見ることはないかもしれませんが、人類には必要なんだよなあとか関数電卓を眺めるたびに思うのがよいかと思います。
実際にパラボラアンテナを建設しようとかそういうことはないかもしれませんが、災害時にLEDランプに傘を付けて即席電灯を作ろうとか思うことは十分にありえます。そのときはハイパボリックコサインの話とグラフを思い出して、似せて作ってみるとよいでしょう。

コラム

双曲線と三角関数

　数学というものは深く研究していくと、根っこが繋がってくるときがあります。すべての道はローマに通ず、ではありませんが、双曲線も同じでして、三角関数に似た性質が出てくることからハイパボリックサインとかハイパボリックコサイン、ハイパボリックタンジェントと名前が付けられています。関数電卓もこの形式で記述します。また逆関数として頭にアークをつけるアークハイパボリックサインなどもあります。
　双曲線関数を関数電卓で使う場合は数値を入力して hyp ボタンのあと sin、cos、tan などのボタンを押してください。
　双曲線と三角関数と微積分は相互に関係するので、このあたりから数学が楽しくなってきます。世界の秘密に触れたような気がするんですよね。

　どう感じたかはさておき、三角関数と双曲線を一緒に学ぶと三角形、波形、円、楕円、S字っぽい形、と大抵のグラフ形状をカバーできるようになるので一緒に学ぶこともしばしばだと思います。大事なことなので2回書きますと、グラフをどのように使うかは第4章で解説しています。

双曲線の利用と計算

双曲線関数を実際使用するケースで一番使いそうなのは、ハイパボリックタンジェントの0以上の数値です。グラフでいうと0から急に立ち上がってそのうちほぼ横ばいになっていく感じですね。

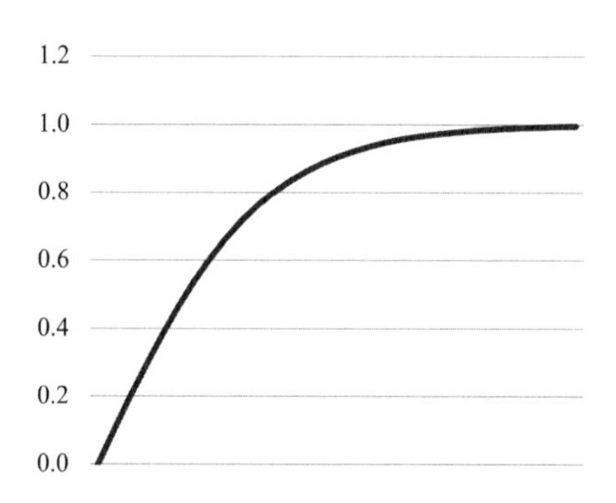

難しいことは何もないのでちょっと計算してみましょう。難しいことは関数電卓がやってくれます。

上のグラフはハイパボリックタンジェント（tanh）で0から0.1刻みに入力してグラフにしたものです。見事な頭打ちです。厳密に言うとわずかに成長はしているのですが、本当に僅かです。

$\tanh 0 = 0$

$\tanh 0.1 = 0.10$

$\tanh 0.2 = 0.20$

$\tanh 0.3 = 0.29$

$\vdots$

$\tanh 0.8 = 0.66$

$\tanh 0.9 = 0.72$

$\vdots$

$\tanh 2.8 = 0.993$

$\tanh 2.9 = 0.994$

と、こんな感じで頭打ちしていくわけですね。

この曲線（グラフ）は普段の生活でたくさん目にします。車の最高速度なんかはそうですね。アクセルを踏みっぱなしにしても、どこかで頭打ちするわけです。

給料とか役職などもこの曲線を使用することが多いです。上に行くほど上がるのが難しくなる、というわけです。自然界での野生動物の増え方などでこのグラフを使用するときもあります。特に天敵がいない環境での成育だとこうなるのが普通です。

スキルの上達や趣味の楽しさもこの曲線を使用して説明することが多いです。

頭打ちの手前までがすくすく育つので、そこまでを目指してスキルを上げる、などの教育方針はこの曲線に沿った意思決定というわけです。

遊ぶとき、つまり式を変形させるときは ×2 とか、×0.5とかするとグラフの形が変わっていきます。掛ける数値が大きくなるほど立ち上がりが大きくなって、数値が低くなるほどなだらかに、頭打ちも早くなります。

コラム

ハイパボリックタンジェントは何を表す関数なんですか？

三角関数は別名、円関数でもあり、円や円弧を描く動きをします。高校の授業で単位円を使ってその動きを確認した人も多いかと思います。

三角関数が円ならば、楕円はどうなんだろう。というと、これが双曲線になるわけです。ここで、双曲線関数の出番になります。

その中でもハイパボリックタンジェントはごく最近になるまではそこまで使われることがない、いわば三角関数のタンジェントに対応しているだけの存在だったのですが、近年ニューラルネットワーク（機械学習やAI）に用いられて爆発的に使われるようになりました。今ではネットで検索すると機械学習やAIで使う関数として紹介されています。

確率の計算〜ガチャの確率〜

関数電卓では確率を計算するための機能も入っています。階乗にnPr、nCrといったものです。これらを駆使することである程度の確率を見積もることができます。

と、その前に重要なこと。確率にはいくつかルールがあります。これを知ってないと計算と感覚がズレすぎるときがあります。

1：サイコロはメモリー機能を持たない。

何回もサイコロを振って1の目が最近出てないからそろそろ出るだろう……と考えるのはそもそもの間違いです。サイコロに記憶を持つ機能、能力はありません。

2：確率は意外に偏る。
　サイコロを3,000回振ったくらいでは理論値（計算値）通りにはなりません。計算と違うと騒がないで大きな心でいてください。

　この二つを知っていないと、確率の計算をしてそれに従ったとしても、不満が出るときがあります。期待値計算のときと同じで、確率を有用に使うためにはとにかく数を集めないといけないわけです。それも、大変な数が必要です。このことは念頭において、読み進めてください。

　重要な注意。
　確率計算は大変に面白いのですが、間違いがよく出てくるものでもあります。計算間違いというよりもこれはこうだよねと遊んだら間違えてしまった、みたいな話がよくあります。こういうときは後に出てくるシミュレーションを使用してください。

ガチャの確率を計算しよう

　最初は簡単な計算をしてみましょう。
　昔と違って今のスマホゲームではガチャの確率がゲーム中に表示されるようになっています。書いていないと怒られるからですが、これのお陰でプレイヤーも計算ができるようになりました。

問題：ガチャを100回引いて、1％の排出率のレアを1

枚以上引く確率はいくつでしょう。

学校で習った通りの問題だと思いますが、忘れている人も多いと思うので一応。

外れる確率99%の100乗が、レアが1枚も出なかった確率です。$0.99^{100}=0.3660$になります。1枚以上引く確率なので1（100%）からこの数字を引いた数、0.6339が答えになります。つまり63.4%がレアを1枚以上引く確率です。100回でも3割強は外れるというなかなか厳しい世界です。

ちなみに、0.01の100乗で計算すると100連続で1/100のレアを引く確率を求められます……が、小さすぎて大抵の計算機では0という答えになります。

ここまで根気よく読んでこられた読者なら、指数を使う計算では対数も使えるはずだと思われるでしょう。そのとおりです。たとえば1%の排出率のガチャを何回引けば50%の確率でレアを引き当てられる（50%の人は1回以上レアが出現する、ということです）かを、以下の式で計算できます。

$\log_{0.99}0.5$

外れ続ける確率が50%を下回ればいいので、これでその境目を求められるというわけ。答えは68.968です。つまり50%で引くために69回は引かないといけないわけですね。

さて、ガチャを引く計算をしたのであれば、じゃあレアを２枚引くときの確率はどう計算すればいいのだろうかと思う方もいらっしゃると思います。

１枚以上レアを引く63.4％のうち、２枚の確率はどれだけか、ですね。ところがこのあたりから急激に難しくなります。二項分布の確率密度関数を使用するのですが、式を見ただけでそっと本を閉じる人もでるのではないかと思います。

こういう、ちょっと難しい確率の計算を行うときに一番楽なのは計算ではなく、試行です。プログラミング機能を使用して実際に１％の挑戦をやれば、２枚引いた率を見ることができる。というわけです。もっというと100回だけでは偏りそうなので100回引くのを１万回回すプログラムなど作れば、難しい計算式をこねくり回さないでもほぼ実用に足りる確率を見ることができるようになります。これをシミュレーション、といいます。

難しい確率関係の関数を当てはめる段階でも人間はミスしてしまうものですから、私個人の意見としてはそれぐらいならプログラミング機能を使用してシミュレーションしたほうがいいと思います。いやもう本当に。ため息が出るほど確率周りを自分で計算しようとして失敗される方はたくさんいますし、このあたりをマスターする時間と努力の10分の１くらいで関数電卓に必要なプログラミングは覚えられると思います。

nPr と nCr

上のガチャの例では当たりと外れという二つの状態で計算しましたが、実際にはそれ以外にも色々なパターンがあります。

たとえばトランプで2枚引いたとき、その組み合わせは何パターンになるのだろうとか、そういう計算です。

これらを計算するために関数電卓には nPr と nCr が関数として搭載されています。

残念ながらスマホの関数電卓にはないので、試すなら別の関数電卓アプリを入れるなり、家電量販店で関数電卓を買うなりしてください。今売られている関数電卓でもできない機種はあるので、ちゃんと見てくださいね。おすすめしている3機種はどれも使えます。

さて本題に戻りますが、

nPr は、異なる n 個のものから r 個を選ぶ場合の「並び方」の数

のことです。

たとえば牛、馬、猫、犬の4種類の動物がいて、そのうち2種類を選びます。

nPr ですと、$_4P_2$になります。

異なる、とありますので同じものは選ばれません。牛と牛とか、犬と犬は抽選されないわけです。同時に「並び方」ですから、牛と犬、犬と牛はそれぞれ別パターンとして数えます。

関数電卓で計算すると12と出てくるはずです。12パターンの並び方があるわけですね。

ではnCr はどうでしょう。

nCrは、異なるn個のものからr個を選ぶ場合の「組み合わせ」の数

のことです。

たとえば牛、馬、猫、犬の4種類の動物がいて、そのうち二つを選びます。

nCrですと、$_4C_2$になります。

異なる、とありますので同じものは選ばれません。牛と牛とか、犬と犬は抽選されないわけです。同時に「組み合わせ」ですから、牛と犬、犬と牛はそれぞれ同じパターンとして数えます。ここがnPrとの大きな違いです。

関数電卓で計算すると6と出てくるはずです。6パターンの組み合わせがあるわけですね。

nCrもnPrも、実際にパターンを書き出していくと大変ですので、関数電卓で簡単に計算できるのはありがたい話です。

150の商品の中からよりどりみどりの4点で1,500円。組み合わせはなんと〇〇種類！　なんて宣伝文句を思いついたとき、〇〇を関数電卓で求められるわけですね。この例ではnCrを使います。CASIOのfx-JP500CWなら、$_{150}C_4$と入力します。答えは20,260,275パターン。よくある宣伝文句は関数電卓で計算しているわけですね。Excelでやっているのかもしれませんが。

応用としてはサイコロ2つを振って、合計の目が7になるパターンはいくつかを求めるケースがあります。この場合、最初に〇が7つ並んでいるイメージを持ってく

ださい。

〇〇〇〇〇〇〇

こんな感じです。ここに仕切りを１枚差し込みます。

〇|〇〇〇〇〇〇　こんな例や
〇〇〇|〇〇〇〇　こんな例がありえるでしょう

これがサイコロを２つ振った場合のパターンのイメージです。合計７は不動なので〇の数は７で固定。仕切りはサイコロの組み合わせパターンです。１と６、２と５という風に分かれていけばいいわけです。

ここで重要なのは「仕切りがないはない」ということですね。よって端には仕切りが置かれないので〇と〇の間の数、６が入ります。

nCrで書くと$_6C_1$という感じですね。答えは６です。1+6、2+5、3+4、4+3、5+2、6+1の６パターンになります。

ここまで解説したところで、「え、でもnCrは同じ組み合わせは除外されるんでしょ、nPrじゃなくてnCrなのはなぜですか」と質問される方もいます。

その疑問への回答は、「異なるn個のものからr個を選ぶ場合の「組み合わせ」の数」という定義の読み方にあります。

最初にイメージで７つの〇を置きました。これの〇と〇の隙間が異なるn個です。

そこから1個の仕切りを入れます。これで1個を選ぶことになります。

こういう書き方をすればわかると思うのですが、要は隙間が6個のうちから1個選べ、ですので6パターン、重複などあるわけがない、というわけです。このあたりがごちゃごちゃになる人は多くて、多くが挫折してしまいます。

数学に重要なのは数学の力というよりはまずは国語力だったりするわけですね。世に理系とか文系とか言いますが、その分け方がそもそも間違いというわけです。

まずは問題をいろんな言い換えで表現する。そうすると、解き方が見えてくる、というわけです。数学的発想というのは国語における数学的な言い換えに他なりません。

ちなみに例題が難しい、わからないと思った方は安心して、わからないということを自覚していればそれで大丈夫です。わからないことを自覚していれば調べることも尋ねることもできます。多分わかってる、と思う人こそがミスをするのです。テストではないのでわからないことは不正解ではありません。自分の限界をわかっている、といいます。

プログラミング機能

関数電卓にはプログラミング機能がついたものがあります。2024年現在ではいずれも高価で8,000円以上します。現在日本で売られている日本メーカーのものだと、CASIOのものだけがプログラミング機能を持っています。

また日本で手に入れるなら通販に頼るしかありませんが、フランスのNUMWORKSもプログラミング機能を持った電卓です。この基準でいくとアメリカのテキサス・インスツルメンツの関数電卓の一部も条件に合います。もっともこの二つはマニュアルが英語だったりするので敷居が高すぎるかもしれません。いちいち翻訳アプリを使うのも面倒でしょうし。

さて関数電卓のプログラミング機能ってなんのためにあるのかと申しますと、もちろん労力削減のためです。確率のところで説明するシミュレーションの他、同じような計算を繰り返しやるような人や会社だったりすると、プログラミング機能が大変ありがたいものになります。

繰り返す計算の代表例は測量ですね。測量会社で使う計算は手順が多かったりするので、関数電卓のプログラミング機能を使って対応しています。市販品の関数電卓に自社のプログラムを入れて販売しているところもあります。測量電卓として販売しているわけです。

このようにプログラミング機能があると電卓をカスタマイズすることができます。

それ以外ですと、学生で教材として買わされた関数電卓の利用者の中にはゲームを自作して入れて遊んでおられる人もいるかもしれません。アメリカにもそういう人はたくさんいて、かつてはコンテストもありました。

私はこの意見に対して消極的なのですが、プログラミングを覚えたり楽しんだりするのに関数電卓くらいの制限がちょうどよかったとおっしゃる方もいます。確かにパズルみたいで楽しい、とは思うのですが現代的なプログラミングというか、コメントたっぷり、可読性よし、という風にはならないので、あくまで暇つぶし、またはパズルとして、という感じです。

現在発売されているプログラミング機能のある関数電卓の大部分、CASIO の fx-5800P 以外は海外製品を含めて全部がプログラミング言語である MicroPython を搭載しています。ですから、Python を使ったことのある人ならすんなりプログラミングすることができるでしょう。

現代であれば生成型 AI（たとえば ChatGPT）に MicroPython でこんなプログラムを作ってほしい、と依頼する手もあります。それで（計算する程度であれば）十分実用になります。いっそ計算式を作ってもらう、ということもできてしまうんですが、AI の仕組み上、間違うこともあるので、ミスったら動かなくなるプログラムくらいのほうが使いやすいと思います。

プログラムを AI まかせにせず手で作る場合、関数電卓の狭い画面でオフサイドルール（文などのかたまりの範囲を字下げによって示す規則）がある Python でプログラミングをするのは大変です。このため CASIO では旧来の独自仕様のプログラミング言語も搭載してあります。

これを使うくらいなら PC やスマホでプログラミングしたほうがよくないか、という意見もあります。プログラミングそのものについてはその通りですが、実行する媒体となると関数電卓上で走らせたほうが手間が少ない印象があります。よく使う計算については関数電卓のほうがいいというのが私の意見です。

この本の想定読者で関数電卓のプログラミングをどこで使うかといえば、圧倒的に確率の計算というか確率がどれくらいか見積もるためのシミュレーションではないかと思います。

なぜかといえば、間違わないように確率計算をするよりも、プログラムを書いたほうが簡単だからです。生成型 AI の支援がある現代であればなおさらです。

でもなあ、などとは思わずに生成型 AI にリクエストして使ってみてください。

MicroPython で書いてね、とリクエストには追記してください。Python のコードだけだと動かないライブラリなどを用いることがあります。必要であればこれとこれのライブラリを使ってねと指示することができます。関数電卓搭載の MicroPython は当然数学ライブラリとかは搭載していますので、それらの使用を許可するとよいでしょう。

メモリー機能について

メモリー機能とは、普通の電卓にもついているメモリー機能です。

数値を一時的に保持しておくのに使います。一番安い関数電卓でも 1 本のメモリーエリアは持っているので、これを利用して計算を便利に行うことができます。

95円のきゅうりを 5 本、130円のトマトを 3 個買うとしましょう。全部でいくらになるでしょうか。

まず95円のきゅうり5本は、95×5=475と計算できます。ここで m+ (メモリープラス)を押すと、メモリーに「475」が加算されます。

次に、130円のトマト3個で、130×3=390。ここでまた m+ を押し、メモリーに「390」を加算します。

最後に mr (メモリーリコール)を押すと、現在のメモリー内容「865」が表示される、というわけです。途中計算の答えを自分で覚えておく必要がなくなります。

メモリーを空にしたいときは mc (メモリークリア)です。

もう少し高い関数電卓ですと、メモリーの数も増えます。もっとも、ノートに書き留めればいいじゃない、という話もありますので、人によってはあまり使わないかもしれません。

特に、あまり電卓／関数電卓を使わないなら、メモリー機能は使いそこねることがほとんどです。メモリー機能を使う人はそれだけ電卓を叩いている勲章だと思ってもよいかと思います。

一定以上電卓／関数電卓を使う人なら、メモリー機能は計算した結果を別の計算に用いる際によく使うので使い方を覚えておいて損はありません。

普通の電卓ではM+とかMRとか書いてあるのですが、関数電卓だとSTOとRCLと書いてあることが多いと思います。稀に両方書いてあることもあります。業界で一番安いSHARPのEL-501Tがこれです。普通の電卓と関数電卓の架け橋となるように作ってあるのでしょう。

メモリー機能など不要！　という高級関数電卓もあります。これらは前の計算結果が残ってカーソルキーで追いかけていける上にその計算式を修正可能だったりするので元々メモリー機能がいらなかったりします。

また高級関数電卓は変数メモリーを複数持っているのが普通ですので、把握できないくらいの数のメモリーを持つことができます。

関数電卓に出てこない微積分

関数電卓のなかでも微積分ができるものは少数派で高級機のみが機能として持っています。低価格機で微積分ができるものはないので、説明を省くか非常に悩んだのですが、とはいえ、微積分は数学の花形スターです。素通りするのも惜しいのでちょっと説明してみたいと思います。

もちろん読み飛ばしても大丈夫ですし、うろ覚えでも全然構いません。微積分はこういうときに使うんだな、程度で覚えておくだけで十分です。

まずは積分について。

身も蓋もない話をしますと、積分はある意味究極の面積計算法です。究極なので小学生のときにやったあれこれの面積計算もできてしまいます。

このため学習塾によっては、小学生のときにやった面積計算を難しく言い換えたものであると、最初に説明するときがあります（正しくない説明なのですが、そういう風に説明すると定着率が非常に高くなるのだそうです）。

例を挙げてみると……。

タテが4、ヨコが3の長方形の面積を求めなさい。4×3=12。これです。これを難しく言い直したものが積分です。立体の計算になると重積分になります。

先程の例を積分で書くと、

$$\boxed{\int_0^4 3dx = [3x]_0^4}$$

こんな感じになります。

これを計算すると、4×3−3×0=12。はい、結果ももちろん同じになります。

式を入力しようとして失敗するかもしれないのでもう一度注意しますと、積分の計算ができるのは関数電卓の中でも少数派で、高級機種のみに備わっています。なので、あれボタンがないとか探さないでください。

積分の典型的な問題は以下の図のような形での面積を求めるものです。

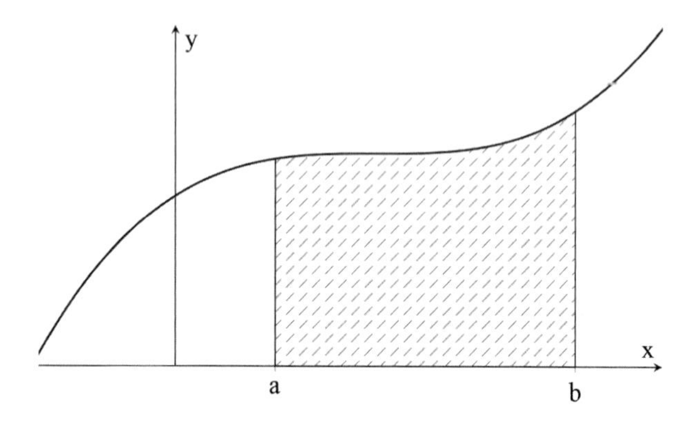

複雑な形をしたものの面積を計算するためのもの、と覚えておけばいいでしょう。

ともあれ、説明としては簡単なものですから、「最初から（または小学生のときから）積分を教えればいいんじゃないの」という話は本当によく出てきます。行列と微積分は小学生からでいいじゃない、というやつです。実際に小学生から始める微積分とか小学生の行列計算という本があったりします。

これはまあ、なんというか中学数学で習う解の公式とその信者みたいなもので、簡単な計算を積分でやるのは無駄でしょうということで、見直しは毎度先送りされています。

話が脱線しましたが、積分は本来、ややこしい、ぐねぐねした図形の面積を計算する際に用いるものです。もちろん単純な図形の面積計算もできます。

幸い、関数電卓があれば他の関数と同じように、その仕組みや計算法を知らなくても求める面積などを計算できるようになるので便利、というわけですね。

ぐねぐねした線の長さを計算するのにも積分は使います。江戸時代の水路の総延長を計算したりできるわけです。

次に微分です。

積分の逆が微分です。掛け算に対する割り算のようなものです。

もう少し解説すると、グラフの傾きを計算するものが微分になります。

積分がぐねぐねしたものの面積を計算するために用いるように、微分はぐねぐねしたグラフの傾きを計算するのに使用します。

傾きを知ってどうなるのか。当然の疑問です。もちろん色々な使い方がありはするのですが、微分において一番価値があるのは、この傾きを知ることでグラフの形を予想することができる、という点です。

もちろん急にまったく違う動きが入ると予想が難しくなるのですが、それでも次が予想できるのはとても助かる、それで微分は大変に利用者が多くなっています。

コラム

微積分の熱狂

数学科の1年生になると思春期のように最強、または最も偉大な数学の発明はなんじゃろうという考えに取り憑かれます。そして議論になります。健康のためにサブウェイ（という名前のサンドイッチ屋さん）に行こうぜと言われて歩いているときにも議論をしていたものです。

その際、常に候補に挙がるのが微積分です。微積分こそ最強、あるいは微積分こそ人類（または数学）の最も偉大な発明である。この意見は必ず出てきます。この割としょうもない考えは思春期と同じで成長というか大人になるにつれて薄れていき、最強なんて人によるよねとか、どれが一番だなんかナンセンスでしょとか、当たり前の結論に帰結していくわけですが、たまに偉い大学の教授からも目を三角にして、微積分に決まってるだろうと凄まれることがあります。そういう、熱病みたいな魅力が微積分にはあります。

まあ、数学の解析をする際に泣けるほどやらされるので、学部の1年くらいでもう結構な気分になる人も多いのですが……。

話はさておき、何がそんなに魅力なの？　これも本当によく尋ねられている言葉です。もちろん賢明な人物はこんな質問をしてはいけません。微分に心酔している人にそういう疑問を投げかけるとエンドレスでもうわかりましたと言うまで同じことを説明されてげんなりします。

幸いにもそういう人が周囲にいない読者のために解説しますと、微分の偉大なところは現実に持っていける、この一点にあります。

数学の世界では色々なグラフがあります。放物線も三角関数も双曲線もみんなグラフにします。高校時代にこのグラフはなんの意味があるんだろうと思ったことはないでしょうか。

たとえば、放物線。なるほどきれいなグラフですが、現実では完全にグラフ通りにはならず、キャッチされたり壁に当たったりしてボールが落ちることがあるかもしれません。

傾きが一定の一次方程式のグラフだって、そうです。車のアクセルを踏みっぱなしにしても、どこかで加速度は落ちていき、速度は上がらなくなるはずです。途中で曲がり角があればそこで速度が落ちることもあるでしょう。

ほら、数学と現実は違うんですよ、数学は現実の役には立たないんです、という人の意見と同じようなことを、当の数学をやってる学生もよく思うのです。

ここで微分の登場です。カーブで曲がる、いいじゃなーい。アクセルふかす、いいじゃなーい。ミットに収まる？　問題なし。じゃあ、計算しようか。

とかなった瞬間に、うわ、これ数学の知識が全部活かせるようになるやん！　しかもなんてエレガントな考え方なんだと感動して、その感動のまま微分こそ最高勢になる、というわけです。

ぐねぐね曲がるグラフを計算できるというのは現実における複雑な事象と、パズルゲームとして現実とはかけ離れた世界で発展してきた数学の有力な出入り口だったのです。

このため微分は、社会学でも機械工学でもまあ思いついてグラフにできそうなものを使うあらゆるところで利用されることになったのです。分析や予想に多用される便利な道具というわけです。

微分積分の概念の説明

とここまで微分をヨイショしたわけですから、もう少し微分について説明しないと怒られそうです。少なくとも関数電卓を用いて計算できるくらいには教えないと読者からお怒りの手紙が届くでしょう。

さて微分の基本は簡単です。微かに分ける。縮めて微分です。何を分けるかというと、グラフの線です。定規とかでグラフを書いた覚えもあると思いますが、曲線を描くときに苦戦した覚えはないでしょうか。放物線を作図しろとか言われて、結構適当に書いた人も多いと思います。

きれいにグラフを書くにはどうしたらいいか。そこで微かに分けるわけです。どんどん分けていくとグラフの線は短くなっていき、極限まで来ると点（に限りなく近い直線、接線といいます）になるはずです。このとき、その点は直線でも曲線でもほとんど同じようなものです。点です。この点を打ちまくっていけばきれいなグラフになるというわけです。

この際、次の点を打つのに必要なのが傾きというデータです。グラフ上の縦と横に移動する割合を傾きと言います。線の傾きがわかれば次の点を打つ場所がわかるというわけですね。

頭の悪い話に聞こえるかもしれませんが、これをたくさん繰り返すことでどんな複雑なぐねぐねも計算できてしまうわけです。

この傾きの何が役に立つのでしょう。答えを先に言うと予想と解析です。

たとえば、航空機のエンジンを作ったとしましょう。このエンジンの寿命を延ばすとき、どこを延ばせばいいのか、まずは色々な実験をしてグラフを書いていくと思います。

たとえばここでは各部の摩耗率を計測してグラフにしていったとしましょう。摩耗率が一番高いところを改善すればいい？　それなら微分はいらない？　それがそうとも限りません。実験で壊れるまでテストするにしても時間がかかります。10年持つようなエンジンのテストを10年かけてやっていたら、出した頃には旧式になってしまいます。

そこで予想なんですね。通常より厳しい条件や10年運用するのに相当する負荷をかけてのテストももちろんやりますが、微分で解析してグラフが将来的にどうなるかを予想してあたりをつけることは、とても重要な役割だったりします。

さて、この本の最初のほうのコラムで0で割ってはならぬとか、0.99999……は1であるとか書いてあったと思います。

この考えが微分では問題になりました。上で「極限まで」と説明しましたが、行き過ぎるになると0になったりして微分の邪魔になってしまうのです。

そこで0に限りなく近いけど0じゃない数字や、1に限りなく近いけど1じゃない0.99999……のような数字を使うことにしました。これが極限です。この極限という概念でエラーが出るのを防いでいるわけですね。数学を学ぶ人によってはこのあたりで詭弁だと言って怒る人もいます。

とはいえ、1と2に違いがあるように、どこかには切れ目があるものです。その切れ目こそが極限、という考えになっています。こう説明すると納得されることが多いように思います。

大学とかだとこの極限はlimという書き方をします。覚えがある人もいるかもしれませんが意味は先程書いた極限です。

積分はどうかというと、小さく積み上げる、というのが積分です。計算の簡単な小さな四角を複雑な図形の上に並べていけば、限りなく近い面積が計算できるんじゃない？　というのが元々の発想だったりします。小さな四角形が小さいほど、当然精度は上がります。このあたりは微分と同じというわけです。

ここまで知っていたら高級な関数電卓があれば、なんとはなしに計算できると思います。はい。

関数電卓での微分積分

日本で売られている関数電卓で積分、微分ができるといえばCASIOのfx-CG50です。式を入力してグラフを書いたあとに範囲指定して積分したり微分したりできます。2本グラフを書いてその範囲の面積を積分で求めるなども簡単にできるようになっています。YouTubeで公式の説明動画もありますから、困ることはまずないと思います。

これを用いれば、積分や微分がよくわからなくてもグラフに範囲指定をかけると自動計算してくれます。表計算ソフトとかで同じようなことをしようとすると結構大変ですので、地味に便利です。

グラフ表示をしないでいいのであれば同社のもっと安い fx-JP500CW も微分の（積分も）計算はできます。メニューから解析関数を選んで入力すれば微分係数を求められます。が。微分係数とはなんぞやと説明しだすと、この本が微積分の本になってしまうので、詳しい解説はしないことにします。この本の趣旨は関数電卓を用いて数学を使える範囲で使う、であり、数学を理解する本というわけではないのです。

第 4 章

自分なりの式を作ってみよう

この章の４行まとめ

・関数電卓を使って生活をよりよいものにしていこう。
・よりよいものにするためには計算式を作る必要がある。
・計算式の作り方を説明する。
・楽しい人生の秘訣は数学的適当さである。

さて、一通りの関数電卓の機能を説明しました。第4章では自作の計算式の作り方などを通して、もっと仕事や生活に便利な数学の話ができればと思います。

……と最初に、計算式の自作について。

これまでこの本では、身近な計算式から関数電卓に採用されている主な関数の利用のされ方までを説明してきました。この本は雑学的に数学を知ることが目的ではないので、これで終わりではありません。むしろ、ここからが本番になります。

読者であるあなたという人物が役立つ計算式を自作できるようにする、というのがこの本の目指すところです。

難しい？　そんなことはありません。でも自作する人が少ないのはどうして？

理由は簡単で、関数電卓を使わないからです。式の変形は、遊ぶという名目で第1章で色々やってきたと思います。やってみられたのならおわかりでしょうが、色々遊ぼうとすると暗算では面倒くさくなりすぎます。そのための関数電卓です。

関数電卓を用いることで、あなたは自作の計算式を作る前提をクリアできるようになります。

自作の計算式ってなんだろうと思ったあなた。よい質問です。自作の計算式とは自分の生活や要望に合った分析や予想の計算式をいいます。

といっても、そんなにすごいものではありませんし、そのようなものを作る必要もありません。すべての人類を幸福にする、とかだと難しいのですが、自分という個人の人生をちょっとよくする程度の計算式なら、さほど苦労することもなく作ることができるでしょう。そういう計算式を何十個か作って、利用するのがよいのではないかと思います。

重要なこと　間違えても適当でも問題ない

計算式を自作する前に、最初に知っておいてほしいのは、数学のテストと現実における計算は目的が違うものである、ということです。

同じルールを使ってはいますが、目的はまったく違います。

数学のテストは間違えたらダメです。減点されます。

現実における計算は重要性に応じて計算精度を高めれば大丈夫です。

最初のほうのコラムで、商用計算機では1を3で割って3で掛けても1にならない機種がたくさんあるというお話をしました。それと同じです。よく使われている機械ですらテキトーですし、あえて言われないとそのことに気づかないものなのです。

まずは、数学のテストの呪縛から解き放たれて、もう少しテキトーな世界で計算するようにマインドセットしてください。

大人の、それも随分とお年を召された方の中には、学校での数学テストの厳密性を引きずって今でもそうでないといけないと思い込んで、そもそも計算しない、なんて人がたくさんいます。自覚がなく、無意識で避けている人もいます。

こういう考え方、マインドセットによく似ているものが病院に行きたがらない人の思考です。病院に行ったほうがあらゆる意味でよいのですが、病院に行って検査を受けるから病気になるのだと思っているような人はたくさんいます。数学も同じで、数学をやらなければバツをつけられることはないのだと思い込んでいる人はたくさんいます。

人間という生き物は悪い結果を見たくないあまりに考えることをやめたり、そのままフリーズしてよくなるのを待つ、という習性があります。数学においてその習性づけの一因になっているのが数学の授業やテストで答えを間違えたときの失敗体験です。

この件について学校での教え方が悪い、とは思いません。分別がついてない年頃に、テキトーな計算でもなんとかなるよとか言うのは無責任がすぎるでしょう。

ただ、分別のついた人なら実感としてわかると思いますが、この世には間違えてはいけない計算だけがあるわけではないのです。このことは社会人になったら、本来誰かが教えるべきではないかと思いますし、忘れているようでしたら、もう一度思い出していただきたいと思います。

完璧を目指さない

数学の正確性についてお話しすると、数学というのはギリシャやエジプトの時代からアップデートを繰り返してきた経緯があります。

その時々で最高の数学者たちの悪戦苦闘と派手な議論の結果が時代時代の数学ではあるんですが、それらを乗り越え積み重ねてきた集大成である現代の数学が完璧かというと、全然そんなことはありません。過去一度だって完璧な数学なんて存在したことはありませんし、今後もないでしょう。現在の人類は、数学という広大な海の浜辺で砂遊びしている程度がいいところです。

たくさん冒険できそうでなにより！

また、電子計算機発明以前に使われていた対数表や対数計算尺も、その計算結果はいつでも概算です。特に狙って関数電卓を買わない限り、計算の厳密性も先程書いたとおりです。そもそも関数電卓にしても計算精度は10桁程度です。

実用数学では正しい、ではなく、まあまあ正しいを目指す。このことはよく覚えておいてください。数学を道具として使うには、まず完璧を目指さないことが肝要です。

まあまあ正しい計算式というのは、言い方を変えると改良の余地があるということです。必要になれば自分なりに精度を上げていけばいいですし、最悪は人生の役に立つ程度まで精度を上げればそれ以上がんばる必要もありません。人に見せびらかすようなものならさておき、プライベートで使うようなものならきれいに整理されている必要もありません。

日本では未発売なのですが、こういう数式を整理する機能がある関数電卓もあります。ほしいと思ったら、ぜひCASIOに要望を出してください。国内メーカーでそういうものを設計生産しているのはCASIOだけです。

日本では売ってないですけど。

計算した段階では何も起きていない

　話を戻しますと、テキトーな計算式を作ってもよいのだよとお話をしたところで、もう一歩進んだ話をしましょう。
　次はテキトーな計算式の効能です。

　計算のいいところは、計算した段階では何も起きていないということに尽きます。
　計算した結果をもとに動かない限り、何も起きないし誰も被害を受けません。ですから安心して計算式を作って失敗してください。
　計算と計画は最初に死にますが、それは計算や計画が悪いわけではありません。計算や計画が盾になっているのです。そう思うようにしてください。

　さらに計算にはいいことがあります。計算式がある以上は、何度でも検算して確かめることができます。
　その計算式が妥当かどうか、ノーダメージで調べることができるわけですから、あんまり肩肘を張らずに実際やってみることをおすすめします。

　じゃあ、どうやって計算式を作るんだ？　そもそもどんな計算式を作ればよいのだろう。
　次はこの話です。
　順序としてはどんな計算式を作るのか。というのが先にくるでしょうから、まずはそこからお話をします。

結論から先に申しますと、どんな計算式を作るか考えるまでが作業と時間の9割です。そこから先はあっという間にできてしまうものです。

逆にいうと、どんな計算式を作るかというテーマ設定、問題提起は大変なパワーを使います。

問題が洗い出されれば、あとは計算（パズル）だけというわけですね。

人によって問題は色々ですので、ずばり答えを書くことはできませんが、その問題を生成するための思考の枠組みについては教えることができますから、これを書いていきたいと思います。

問題の作り方

問題を作るためにはまず、自分自身と相談しないといけません。メモ帳、またはメモ用紙をお手元に用意してください。

思いつくまま、今困っていること、面倒くさいと思っていること、もっと伸ばしたいことなどを書いていければいいのですが、ぱっとそれを出せる人はあんまりいません。というよりもごく少数派です。

人間を考える葦（あし）であると言ったのはパスカルですが、その実、人間はその仕様として、考えないように、考えないようにと、本能レベルで誘導がかかります。考える葦であるには相応の気合と努力をしないと、ただの葦になってしまいます。あるいはパスカル先生はそこまでわかった上でその言葉を作ったのかもしれませんが、ともあれ。

人間は考えないようにするためにいくつかの機能を持っています。まず、嫌なことをすぐ忘れます。次に、現状に慣れます。最後に変化を嫌がります。この三つの機能というか仕様が思考停止の三巨頭です。

ともあれ人間は以上の理由で、はい、すぐに問題を出して、とか言われても対応できません。そもそも大きすぎる問題であれば対応しているでしょうから、問題提起は普段は思考停止できる程度のものから探すことになります。だから、難しい、大変、というわけです。

とはいえ、思考停止できる程度の問題といっても、実際には他の人には耐えられないものも複数含まれますし、人間は損害と比べて利益に鈍感だったりするので、人生のトータルでいうととんでもない損をしている、または損する予定であることがあります。

脳を執拗に使わないようにしていて、使おうとすると激怒する人もまあまあいますが、この本の読者の方はそもそも脳を動かすために本を買っていると思います。ぜひ使ってください。

ではどうやって思考停止から脱出するか。まずはそこからいきましょう。関数電卓を使いこなすには人間側の努力も必要です。

思考停止に対する最も簡単で有効な手段は心に留めることです。あるいは手帳に書いて毎日見直す。これでもよいです（機能としては同じことで、心に留めるために手帳を見直すわけです）。世に色々な手帳術とか自己啓発術がありますが、8割ぐらいはこれです。このままだと簡単すぎて他人からお金を取れないので、もう少し難しい言い方をしていますが、実質はこの程度のものになります。

　では、何を心に留めるべきか。

　答えは三つありますので好きなものを心に留め置いてください。

考え事の三か条

・不満はなにか。
・目標はなにか。
・面白いことはなにか。

　最初はここからです。どれでもいいですし三つ全部でもいいのですが、心に留めたまま日々を過ごします。もしちゃんと心に留めてあるのであれば、雨どいに水が落ちるかのごとく、ぽとり、ぽとりと、思いつくことが増えていくと思います。これはすぐにメモ帳か手帳に書き留めてください。こうして2週間もすればそれなりの数が貯まることになるでしょう。貯まらない場合はもう少し考える時間を作ってもいいかもしれません。

　古来、考えごとには三上といって馬上、厠上、枕上がよいとされています。馬の上は今でいうと散歩ですね。ドライブでもいいかもしれませんが、これは危ない気がします。馬と違って勝手によけてくれたりしませんし。

数字への変換

　不満や目標がぽつぽつできたら、次はそれを計算するために数字に変換したり数字をからめたりしないといけません。
　例を挙げてみましょう。

例１：目標＆面白いこと：趣味のプラモデルを作りたい。
（忙しくて数年作っていない）

　たとえばこういう問題があったとして、これを計算でどうにかします。
　どうにかするって具体的にはどうやるのよと思う方は、素直でよい読者です。
　取っ掛かりはありまして、第1章で説明したお金、カレンダー、時計、これをもとに考えるのがひとつです。これらは最初から数字なので考えやすいといえます。
　最近忙しくて作っていない、というのであれば、第1章でやったコツコツ算やスケジュールが役に立ちそうです。
　なんなら計算式も流用してもいいですが、今回はやめておきましょう。
　お金とカレンダー、時計以外で次の取っ掛かりが観察です。プラモデルなり趣味なり、作りたいという欲求なりを観察して、特徴を書き出していきます。前に説明した通り、辞書を引いて気になるワードや関係する言葉を拾ってきてもよいでしょう。これらも手帳やメモに書いていきます。
　観察の結果、趣味に関する辞書の記述に注目することにしました。「仕事、職業以外の個人の楽しみが趣味である」。というのはまあよいとして、その次の意味として「どういうものに美しさや面白さを感じるかという、その人の感覚のあり方、好みの傾向が趣味」とありました。

感覚や好みの傾向を計算できたら、もっとプラモデルを作りたくなる（そして実際に作るようになる）かもしれない。

そういう風に問題を設定しました。

問題：プラモデルに関する自分の感覚や好みの傾向を計算したい。

こんな感じです。

例でも出てきましたが、ここで役立つのが電子辞書です。もちろん紙の本でもいいですが、情報量の多い辞書はそれだけで関数電卓の役に立ちます。

さて計算したいものが見つかったら、それを数字に変換しないといけません。これを数値化といいます。前にも書きましたが、関数電卓はそのささいな欠点として数字しか扱えないのです。

例を用いて説明すると、プラモデルに関する自分の感覚や好みの傾向を数値化します。

さしあたって、思いつくままにどこで楽しいと感じるかをメモしてそれに点数をつけていったとしましょう。

・完成したときの喜び……100点
・飾ってたまに見るときの喜び……10点
・航空機のプラモデルの構造から実機の構造を理解できたとき……30点
・作りかけのまま3年放置されたプラモデルを見つけた

とき……－50点

……etc

こんな感じです。これらのデータは多いほど使いでがありますが、少なければ少ないなりに役に立ちます。

この、点数の高いところだけを集めたようなプラモデルを探して購入する、でもいいのですが、もっと別の使い方もできます。そう、一度数値に変換してしまえば、やりたい放題です。

次にやるのはデータの仲間分け（カテゴライズ）です。項目を分けていって、仲間同士でグループを作っていきましょう。

5+3は8、誰でも知っていることではありますが、りんご5+みかん3は8になるかというと、そんなことはありませんよね。算数のときにそう習って理不尽な思いをしたと思いますが、あれは例が悪いと思います。

りんごがみかんより好きな人や、その逆の人ではその合計の価値も変わってくることだってあるでしょう。

ともあれ、まずは自分の納得するカテゴリーに分けていきます。

例では以下のように仲間分けをしていきました。

プラモデルが完成したときのグループ

・完成したときの喜び……100点

・飾ってたまに見るときの喜び……10点

完成していないときのグループ

・航空機のプラモデルの構造から実機の構造を理解できたとき……30点
・作りかけのまま3年放置されたプラモデルを見つけたとき……－50点

この分け方の場合、「自分にとってプラモデルは完成させてナンボなんだな」という分析をすることもできますし、「あれ。別にプラモを作らないでも30点取る方法があるぞ」ということを考えても構いません。

仲間分けはそれだけでひとつの考えかたであり、視点でもあります。同じデータを扱うのでもカテゴライズが異なるとまったく違う計算ができるときがあります。商売とは新しいカテゴライズであると、私は会社員時代に先輩から教えてもらいましたが、それはまったくその通りです。

データをグループ分けしたら、次に目的を作らなければなりません。カテゴリー分けしたデータと、最初の問題から、どんな数値を出せば目的を達成したとするのか、決めないといけません。

最も単純な形は目的と数値目標を設けて、数値を積み上げる（足し算する）ものです。

ただ、「それって関数電卓使う必要あるの？」という質問にうまく答えられないのがこの本的に問題です。

例でいうと、合計得点が一番高いようなプラモデル作りをしよう、ですね。

では、それ以外は何があるのでしょう。

数学を現実の生活に役立てようとするとき、大抵の人がここで詰まるのではないかと思います。色々な計算式、色々な関数を学んだ結果が足し算止まりはちょっと悲しいですし、それで数学嫌いになるのはわからないでもありません。

ですので、次の項では少し紙幅を割いてじっくりと説明したいと思います。2章3章で見てきた関数を現実に使っていきましょう。

足し算だけではリアルじゃない

さて、足し算はすべての算数、数学において2番目に覚える大切な概念です。ちなみに最初は数の数え方ですね。

足し算は基礎ともいえる素直でわかりやすく扱いやすい性質を持っていますが、データを扱うには微妙に足りないものだったりします。だからこそ、数学はいろんな関数を生み出してきたわけです。

微妙に足りないとはどんなことでしょう。

答えから先に言うと、足し算ほど人間は単純ではない。これに尽きます。

わかりやすい順にいうと、たとえば人間は閾値(しきいち)というものを持っています。数学や物理学では閾値(いきち)といいます。

閾値とは感覚や反応や興奮を起こさせるのに必要な、最小の強度や刺激などの量をいいます。

前の項のプラモデルを例に話をしますと、

プラモデルが完成したときのグループ

・完成したときの喜び……100点

・飾ってたまに見るときの喜び……10点

完成していないときのグループ
・航空機のプラモデルの構造から実機の構造を理解できたとき……30点
・作りかけのまま3年放置されたプラモデルを見つけたとき……−50点

ここの10点と100点の部分に注目してください。
閾値とは、人によっては10点では嬉しくない、ということです。50点を超えてはじめて嬉しい。そういうのがはるかにリアルな、人間っぽい感覚になります。
この閾値があると、足し算は足し算になりません。

・飾ってたまに見るときの喜び……10点

この10点が11個あっても、

・完成したときの喜び……100点

これに勝てないからです。こうなると足し算では始まらないわけで、数学の知識を動員しなければならなくなります。人間は単なる足し算じゃない。大事なことです。だから関数電卓があり、この本があるのです。
そして、実際には閾値だけの話ではなかったりします。実際には時間や手間などの条件面や別評価軸というものが出てきます。
これら諸条件を計算するためにあるのが関数、それを使って計算するツールが関数電卓、ということになります。

ということで、閾値の話ですが、これは複数の対応があります。点数10以下は0にして扱うデータ処理を行うこともできますし、点数を0にするのではなくて、高い価値をより強調するという手もあります。強調の場合はX^2を使うか、三角関数を使って行うのがいいでしょう。

X^2は第2章で説明した通りによく使われますが、こういう閾値を強調するのにもよく使います。全部を2乗してみましょう。

・完成したときの喜び……100点→10,000点
・飾ってたまに見るときの喜び……10点→100点
・航空機のプラモデルの構造から実機の構造を理解できたとき……30点→900点
・作りかけのまま3年放置されたプラモデルを見つけたとき……−50点→2,500点

マイナスとマイナスを掛けると正の符号になるせいで、−50点の項目が大変なことになっていますが、それ以外はいい感じの数字になっています。100点と10点を比べるよりも10,000点と100点を比べた方が差が大きいですよね。閾値以下を0にしないことで無価値にしていない、というのがX^2のいいところです。

反面、弱点は−の処理がよくないということですね。

三角関数はどうかというと、sin（サイン）を使用したとしましょう。第3章の復習になりますが、各数値を入力したあとで sin を押すと、sin の値が出てきます。

・完成したときの喜び……100点→0.985
・飾ってたまに見るときの喜び……10点→0.174
・航空機のプラモデルの構造から実機の構造を理解できたとき……30点→0.5
・作りかけのまま3年放置されたプラモデルを見つけたとき……－50点→－0.766

こんな感じになっています。サインは90を頂点に波形を描いていきますから、100を使うと90より値が低い、ということになってしまいますが、それ以外の数値はそんなに悪くありません。X^2と同じように高い点数も低い点数も強調されているわけですね。
現実にサインを使う場合には、データのほうを修正して最高点は90にするとかのほうがよさそうです。

え、どういう数字を入れたらどの関数でどうなるのかわからない？
大丈夫です。対策があります。それがグラフです。
グラフを見ればその関数にどんな数字（X）を入れたらどうなるか（Y）を視覚的に教えてくれます。
関数電卓でこれをやろうとすると高級なグラフ電卓が必要になりますので、Excel や Google スプレッドシートのグラフ描画機能を使ってもいいかもしれません。

さて、例の話に戻ります。
今回の例でサインカーブのグラフのどのあたりを使ったかというと、どっちも右肩上がりになっている部分“だけ”を使用しています。
グラフの一部だけを切り取って使ったわけですね。
強調 = 急激に上がっている感じのグラフの部分を使おうと選択した結果、そういう風になっています。

グラフを眺めよう

関数は（線）グラフで描くことができ、線グラフは関数の性質を示しています。グラフを見ながら「この部分を使いたいなあ」と浮かんだら関数を利用するのが基本的な使い方になるのですが、グラフを見て使いたいのはこれだ、と思いつくためには慣れが必要です。
逆に言うと、慣れてしまえば関数とグラフの一覧を見てこのグラフを使おうとか思えるようになります。
どれくらいやれば慣れるかというと、人によるのですが、普通は数十回もやれば慣れてしまうと思います。いうほどグラフの種類がない、という事実もあります。もっと気が楽になる言い方をすると、三角関数と双曲線とX^Yと√くらいでこの世のグラフの大抵はやっつけられます。それでも足りなければ微分でどうにでもなります。「えー、でもー」と思っておられる方は、単純にこれまでやってきていない頭の使い方なので不慣れなだけで、実際は最初に思っているほど難しいことは何もありません。
基本的には右肩上がり、右肩下がりのバリエーションですので、頭打ちする形にしたいとか、飛び抜けて上昇する形にしたいとか、そういうほしいイメージさえあれば大丈夫です。

というわけで、まずは自分独自の式を作るために、関数のグラフを眺めていきましょう。単に関数のグラフを見てもそれは単なる線でしかありませんが、使う人が意味や理由を持っていれば、グラフの線は価値を持ってきます。

三角関数のサインカーブも同じでして、過ぎたるは猶(なお)及ばざるが如(ごと)しの関数として使うときがあります。行き過ぎると下がりだすのでちょうどよい、というわけです。

グラフの一部だけを切り取って使う、というのは自分で計算式を作る際には基本になるテクニックですので、ぜひ覚えてください。

といっても、単にグラフのここからここまで、というのを覚えたら、その範囲にデータを押し込めるだけの話ですね。

例を使って説明しますと、

例：完成したときの喜び……100点

三角関数のサインカーブのうち、波の頂点まで使うと90°が最大であるため100点というのは都合が悪いので90にします、とかこんな感じです。先ほども書いたとおりですね。もちろんすべてのデータを−10にして整合性をとってもかまいませんし、全部のデータに0.9を掛けて整合性をとってもよいと思います。

最初のうちは精度を高く持つ必要もありませんし、肩肘張らずに使ってみるのがよいでしょう。

コラム

グラフ屋

世の仕事の中には理想のグラフを書くための関数を作るためにお金を使う人がたくさんいます。理想のグラフを書くための関数を作る数学的職人さんたちを研究者と呼ぶこともありますが、手っ取り早くグラフ屋と言うこともあります。もちろん、あまり好意的なニュアンスではありません。

たとえばお金でお金を買う金融の世界において、グラフ屋は膨大な需要があります。株でも債券でも右肩に上がるグラフを描けたら、そのための計算式を見つけたらそりゃまあ、お金を払ってでもほしいのは当然でしょう。グラフを書くための関数を作り出す人には高額の報酬があるのです。

工学の世界においてもグラフ屋はたくさんいますが、通常はエンジニアと呼ばれていて、グラフ操作に特化した人はなかなか見かけません。数学の知識だけではやっていけないという難しさがあるのです。

関数に手を入れよう

グラフから関数を見繕ってきたら、次は調整しないといけません。

調整というと難しい言葉に聞こえますが、だいたいは掛け算を加えるだけで解決します。

双曲線のところで出てきたハイパボリックタンジェントのグラフでいうと、×2にしたり ×0.5にしたりという操作を加えることでグラフの形が変わります。

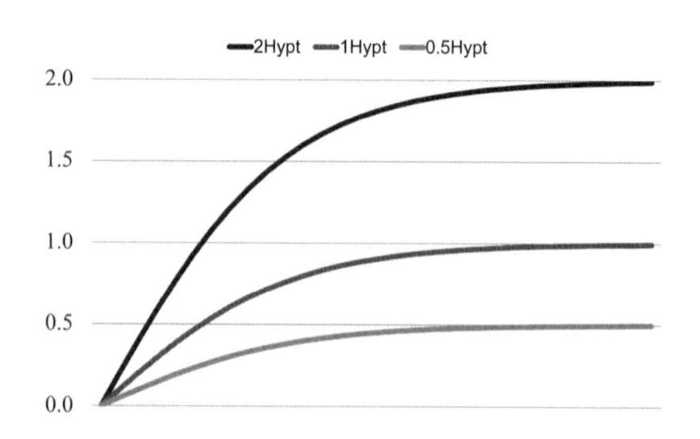

上記のような感じになるわけですね。

グラフの変形を確かめるためにはやはりツールが必要だったりします。グラフ関数電卓やExcelなどです。第4章に入ってから何度もグラフ関数電卓があればとか書いているので、まるでCASIOの回し者みたいになっていますが、グラフを使うときにはやはりあると便利なのです。

グラフを変形させて好みの形にしたら、基本的には完成、ということになります。

最後に試算してみよう

データを入力して計算式を使ってみれば、これにて完成です。気に入らないところがあれば修正してまた試算する。
そう、この本の最初のほうで言ったとおりです。遊びましょう。そして自分だけの数式を作っていってください。
なんとなく計算式を作ったら、次にやるのは計算式の利用です。

問題：プラモデルに関する自分の感覚や好みの傾向を計算したい。

こういう問題に対して計算できるようになったら、次にこの計算式を利用してよりよい方向に持っていかないといけません。
それは要するに新しい問題を作りあげることです。

問題′：プラモデルに関する自分の感覚や好みの傾向から、最良のプラモデル体験を目指す。

とか、

問題″：プラモデルに関する自分の感覚や好みの傾向から、最近プラモデルを作っていないので、そのモチベーションを生み出す計算式を作る。

など、色々と作ることができます。
一歩歩いたらもう一歩（この場合は1個計算したらまた次の計算ですね）。

数字というものは感覚をより頭で理解するためのよい道具です。数字と計算を使って、よりよい生活を目指していくことを願っています。

第 5 章

生活の中で計算してみよう

この章の２行まとめ

・いくつかの計算例を示した。
・さあ、自分でも計算をやってみよう。

最後となる第5章では、これまでの経緯を踏まえた実践例を書いてみたいと思います。このように使え、というわけではなく、ああ、こういう風に関数電卓を使うのかと気づきを与えるのがこの章の目的です。

読めばわかると思いますが、重要なのは計算に応用するための知識というか引き出しです。経験と知識を数字に変える。どうやればいいのか常日頃心にとめておくことが、関数電卓をもっとも使いこなすためのコツ、ということになるでしょう。

歴史を数学で考える

まずは肩慣らしに、四則演算と√くらい、つまり商用電卓を利用してその威力を見ていきましょう。電卓を使って試算しながら歴史を考えるというものです。電卓がないとやってられないくらいの計算量があります。

ちなみに使用した資料はすべて辞書、百科事典によるものです。最新の研究による数字と違うかもしれませんのでご了承ください。

さあて、戦国時代後期の戦いの中では、片方で15万人（全部で20万とも）といわれる軍勢が動員されたという記録があります。

15万人ってどれくらいだろう。そう思った私はちょっと調べてみました。

自治体の人口にすれば今治（いまばり）市、久喜（くき）市、東村山（ひがしむらやま）市がそれぞれ15万人くらいです。

それらが一斉に動いて戦争をするのですから、現代で見ても大分無茶な話です。成人男性だけとしても当時の人口の25％程度。実際の動員を集落が維持できる範囲で行うとすると、その1/4である6.25％程度の人口が限界でしょう。およそ人口の16分の1と思えば15万人に16をかけて総人数が見えてきます。答えは240万人程度。当時の人口は1,200万人といわれているので、全人口の20％がなんらかこの戦いの母体になりえるわけですね。大戦争です。

戦争の期間が動員にひと月、移動にひと月、戦闘に5日（主会戦は1日）、帰投にひと月かかったとして、3ヶ月と5日。日数で95日として、その分の食料は……はいここで電卓の登場です。まずは掛け算。1日2食で95日 ×15万人 ×2食になります。答えは2,850万食。

2,850万食の兵糧を仮に用意したとして、その8割ほどを米で用意したとしましょう。

2,850万 ×0.8、すなわち2,280万食分の米。資料を見ると1日あたり5合の米を食べていたとされるので、2食で割って2.5合 ×2,280万が米の量になります。5,700万合の米ですね。1合の米は150gとされるので855,000万gの米になります。kgだとその1000分の1だから855万kgの米の輸送が存在したことになります。1俵60kgとして142,500俵が輸送されたと思えば、ちょっともう想像できない。米だけで1人で1俵を持って運んでいたような計算になるわけです。

実際の記録を見ると、一番上のレイヤーである豊臣家の戦費消費はそこまで乖離していませんが、一方で末端兵士は壮絶な飢えと闘いながら戦っていた様子が『雑兵（ぞうひょう）物語』などの記述から窺えます。この差はなにかといえば、中間段階で搾取されたりネコババされたりはもちろん、米に毛が生えて文字通りの消耗が起きていた可能性があります（耗の文字は古くは、米を示す偏（へん）に毛を加えたものでした。カビのことですね）。いずれにしても、末端に半分届くか届かないか、そこで足りない分が現地調達という名前の略奪になったと思われます。

戦争って野蛮だなあと、思うところです。

しかも当時はトラックがありません。馬で輸送していた可能性もありますが、馬の食費はおよそ人間の10倍です。1頭で2俵輸送して6往復していたとして、142,500俵を輸送したとすれば12で割ればよいわけです。答えは11,875、馬だけで12,000頭が必要になります。これだけの量だと、食料消費が12万人相当になってさらに規模が膨れ上がります。

というよりも、15万人の兵に12万人相当の馬というものもバランス的には変なものです。輸送を減らすための何かをしていた、と見るべきでしょう。

基幹輸送だけ馬で行い、数日分は兵に携行させるという、現代により近い運用だった可能性は十分あります。いきなり全量または半量を渡さないのは、渡したあとでドロンされたり酒を作ったりされないようにするためです。どぶろくですね。兵に多めの食料を渡すとすぐ酒にしてしまうのは今も昔も変わりません。明日をも知れないのですから当然でしょう。

仮に4日分を携行させるとすると1日5合×4日で20合。2升ということになります。重さは3kg。これくらいならハンドキャリーしても大丈夫でしょう。

この3kgが15万人で45万kg、俵にして7,500俵ですから、結構浮きます。浮いた分は馬の拘束時間を短くできるので往復回数を増やすこともできるでしょう。

その上でそもそも馬を使わない、という可能性もあります。船での物資輸送や商人に命じての現地手配です。

船での輸送は今も昔もとにかく安いのが売りです。移動経路は海沿いに限られますが、兵を輸送するほどの数は揃えられないにしても、米俵だけならある程度は輸送できる、というわけです。

さて輸送負担が大きく、消耗も多いとなると現地調達、または略奪が増えていくわけですが、略奪しようにも、限度というものはあります。占領地の保有する食糧以上には奪えないというわけです。

このため大軍の経路を分けるケースがあると推定して調べてみると、実際に分離行進している例がありました。関ケ原の戦いへ向かう東軍がそのように動いていました。

その人数分けから、どの程度の略奪ができるか、あるいは現地調達できるのかの情報があった上で動いていたと思われます。この手の調査を忍者がやったのかどうかはわかりませんが、調査する人や組織がないとこのような形にはなりにくいと思います。

ちなみに、石高(こくだか)制での1石は1,000合（100升）の米になります。

小田原征伐の資料を見ると、1万石(ごく)で200名の兵役負担ですので15万人動員したとすると、石高換算で750万石程度の国力があったと思われます。小田原征伐はその規模もさることながら、期間も当時としては大変に長いものでしたので、普通の規模の戦いではもっと大きな動員力だったと思われます。
明治期の日本陸軍の推定では、1万石で250人程度としていました。実際は世帯が小さいほど軍事費の比率は少なくなるので、もっと数字は小さくなると思います。たとえば1万石の最小クラスの大名だと動員できるのは120人とかそういうレベルだったと思います。
この当時は電卓がなかったわけで、珠算で頑張っていたと思うと頭が下がりますが、戦国時代も後期になるほど官僚タイプが頭角を現すのはまあ、妥当な気がしてきます。大規模動員の初期の段階で事務処理的に死にそうです。

さて。ここからもう少し電卓を使ってみましょう。
15万人の長期動員を可能にした750万石の国力は田んぼの面積でどれくらい？　という話です。江戸前期で1,000m^2あたり140kg程度の収量ですので、戦国期の米の収量はそれよりも低いはず。仮に1,000m^2あたり120kgとして1合150gとするなら120kg÷0.15kgで800合になります。1,000合＝1石作るためには、1,000÷800で1.25倍の土地面積が必要になります。1,250m^2で1石になるわけですね。
これに750万を掛けると大雑把な土地面積が出ます。実際には耕作に向いた土地もあればそうでもない場所もあるでしょうから、概算です。答えは9,375,000,000m^2ですね。ヘクタール（1ヘクタールは10,000m^2ですから√で求めると一辺が100mの正方形です）に直すと937,500ヘクタールになります。

現代の兵庫県の田んぼの総面積が66,300ヘクタールですから、その14倍くらいの土地の大きさになるわけです。当時は開墾や治水の技術で今よりはるかに劣り、技術的に耕地にできた場所ははるかに狭かったはずですから、この数字は驚異的、とも言えます。今の58％くらいである総土地面積の1％程度が耕作できる範囲だと考えると、兵庫県24個分相当。日本の2分の1近くの支配地域を持っていた可能性がある。というわけです。実際は東北がさほど開発されていないことを考えないといけないので、それ以上になっていたかもしれませんね。

家が片付かない独身の人間はなんの夢を見るか

「家を片付けるために計算を使えないでしょうか？」そんな質問をしてきた人がいました。私も家は片付いているほうではないので、普段であれば心の健康を心配するところではあるのですが、その人は藁(わら)にもすがる気持ちでそう言っていたのでした。

気持ちはわかります。同病相哀れむです。

さて、家を片付ける計算はぱっと思いつく範囲でおよそ4種類存在します。

順に書いていくと、

1：掃除をしたいができない人に、外注する道を開く計算を行う。
2：掃除をしていないことによる損を数字で確認するための計算を行う。
3：掃除をしたことによる利益を数字で確認するための計算を行う。

4：なぜ掃除をしようと思わないのか、心の動きを数値で表現するための計算を行う。

2と3はよくある損得計算なのですが、人間は損得だけで動いてはいません。なぜ損得で動かないのか、という質問に対して、「損得が見えないからさ」という冷笑的意見がありますが、これは一面の事実である可能性もあります。そこで数字で見えると案外思い直せるかも、ということで1と4を入れてみました。

まず2と3からやってみます。掃除をすることで得られるであろう簡単な損得を書いていきましょう。

掃除しないことによる問題やデメリットを書いていってもらい、スコアをつけます。

同様に掃除することによる利益やそれゆえに発生する新しい問題を書いていってもらい、やはりスコアをつけます。

これらのスコアを見るだけでだいたいの人は掃除してしまいそうな気もしつつ、まずはリスト完成時点で、どうですか、掃除する気になりましたかと尋ねました。

返答はまったく芳(かんば)しくなく、つまるところメリット／デメリットが並んでいても心には響かない様子。

ここで気が短い人は怒り出して、いいから掃除しろ、手を動かせと言うと思いますが、叱責でどうにかできるような人なら、とっくの昔にどうにかなっているはずです。

ここに並んでいるスコアは、実は本人の感じているスコアと違うのだろうな、と考え直してスコアの修正を申し出ました。すべてのスコアに√をかけて、スコアを小さくしてみます。÷2とか÷10とかではなく√になっているのは大きい数字ほど削減率が高くなるようにするためです。

その上でこれらのスコアが低すぎる、高すぎるはないですかと聞いたところ、家族から言われていることだけは酷く気になる様子で、そこだけスコアを戻すことにしました。

結果として掃除をするメリットは、家族から（文句を）言われなくなることです。デメリットとして、家族から（文句を）言われる、という項目がスコア的に突出することになりました。

この人の場合、掃除をしなければならない理由というのは、家族になにか言われないようにすることと大体イコールだったわけですね。

じゃあ、家族のためにと思って掃除すればいいじゃないですか、となるのですが、この誘導は難しそうです。おそらく家族に散々掃除しなさいと言われてへそを曲げてしまったんでしょう。家族に言われるから掃除したいが、反発心から掃除できない状況だったようです。

こうなると自分で片付けする線は負けた感が出るので、メリット／デメリットの話ではないというわけです。

そこで……、

1：掃除をしたいができない人に、外注する道を開く計算を行う。

を行いました。単に掃除代行や片付けのサービスから見積もりを取って並べるだけです。サービスに差がある場合は、それがいくらになりうるのかというのを差分から見ていきます。

結論としては大きめのワンルームで10万円くらいが相場でした。しかも、指示出しで一日付き合わないといけません。10万円の価値はあるのかどうかと考えましたが、本人はやる気というか、これをしないともうやらないだろうと決めてかかっています。10万円のうちの何%が背中を押してもらうための料金なんだろう。そんなことを思いながら相談を終了しました。

この例は極端なのですが、気の乗らない作業を乗り切るためにはメリット／デメリットを並べるだけで普通は大丈夫なはずです。

人間のやる気はデメリットよりもメリットに大きく依存しますから、無理やりメリットをくっつけてしまう手法は今も昔もやられています。つまり自分へのご褒美ですね。

この仕事をやったら〇〇をしよう。これは意外に意味があります。普段からご褒美リストと点数をつけて、この仕事は何点と決めてご褒美を自分に与えるのがいいでしょう。この方式はストレス対策の特効薬としてアメリカでちょっと流行っています。

ご褒美リストを作ってストレスを減らす際にはご褒美をあげる。

これ以外ですと微分ではないですが、小さくタスクを分割して、とにかく成就させる、という手段もあります。小さな成功体験を積み上げる方法ですね。

ワンルームを100分割して軽いところをまず1個、という風に塗りつぶし法でやっていく手もあります。実際には一度動き出したら慣性というか惰性が発生してずるずる作業をしてしまうものです。進捗率が悪いとか一度やると次は半年後とかの人物ではない限りはこの方法が非常に有効です。

ニュースと電卓

ニュースというものは公共のもので、公共のものである以上は誰が見てもわかりやすくないといけません。

このとき、多用されるのが数字です。数字といえば電卓、というわけで、ニュースと電卓は非常に相性がいいと言えます。

ここでは2024年の2月28日のニュースを例に、いくつか計算してみましょう。実際の細かな計算とか、正確性はおいて、ざっくり計算してニュース理解の一助になる程度を目指します。ものすごく興味深ければ、深掘りしていくのがいいでしょう。

まずは、合計特殊出生率です。この日は韓国の合計特殊出生率が0.72で過去最低、ソウルは0.55だったとニュースになっていました。

辞書で合計特殊出生率を調べますと、1人の女性が一生において出産する子供の数、とあります。実際にはもう少し複雑な計算などがあるのでしょうが、辞書に書いてある内容は深掘りせずにそのまま進めていきましょう。0.72という数字だけでは全然わからないので日本の数字を調べますと日本は1.34ですから、0.72÷1.34=0.537。

およそ日本の半分であることがわかります。
　日本が少子化と言われて久しいなかでのこの数字ですから、韓国の人口が急減期に入っていることがわかります。あるいは日本は東アジアの人口減少下において、最も成績がいいわけです。
　さて、実際にはどんな感じで、人口が減っているんでしょう。
　とりあえず、親2人と子供2人という核家族モデルがあったとします。まあ一人っ子もいれば3人兄弟姉妹とかもあるかもしれませんが、モデルとしては2+2です。このモデルはよく見かけるモデルです。この場合の合計特殊出生率は2になります。実際はこの数値を割っているわけですから、多くの人が2+2のモデルに当てはまったとしても、そうでもない家庭もたくさんあるということが窺えます。
　一人っ子だと合計特殊出生率は1になりますから、一人っ子の家庭が相応に混じっていけば1.34になることもあります。が、韓国はその1すら下回っているわけですので、つまるところ単身世帯が多いという想像ができます。もちろん結婚はしても子供は作らない、という家庭も多いのでしょう。
　わかりにくいので人口1人頭での再生産数ということで、2で割って計算します。1世代（30年）後の人口がどうなるか、これで見えるようになるわけです。
　日本の場合は出生率1.34÷2（モデルケースでの子供の数）で0.67と計算できますから、もっとも乱暴なケースだと3人に2人が2人の子を産んでいるけれど、1人独身がいる感じだとおよそこんな数字になる、という想像ができます。

この0.67は人口の減少にも使うことができます。一世代30年とすると、このまま何もしなければ30年後の日本の人口は今の0.67倍を下回るのは確実、というわけです。最良の計算でも8,000万人くらいになっていそうですね。

同じ計算を韓国の数字に当てはめると0.72÷2で0.36です。韓国の人口はおよそ5,174万人ですから、30年後だと1,862.64万人になる計算になります。まさに急減。

ここで少し想像を働かせれば、この状況の韓国をどうにかする方法で一番手っ取り早いのは元々は同じ言語、民族である北朝鮮との合併であろうことが想像できます。逆に言うと、日本はそういうカードがないので人口問題は難しくなる、というわけです。

ちなみに関数電卓ならではの計算をちょっとやりますと、2世代後だと2乗、3世代後だと3乗で計算ですから$0.67^3=0.300$となります。60年後には人口は現在の3割、4000万人になっていてもおかしくないわけですね。韓国の場合だともう計算したくないような数値になるはずです。

さて、この計算をすると、この日の他のニュースも見方が変わってきます。

たとえば、うずらの卵を誤飲して死亡した小学生のニュースなどは、たしかに一大事なわけです。子供が少ないわけですから。このニュースの価値はたとえば30年前と比較してずっと上がっている可能性があります。

同時に不法外国人の在留ガイドライン見直しのニュー

スも、です。不法とはいえ在留外国人を戻していいのか、人口減の中貴重な働き手になるのではないか、故に、これまでより優しい基準にしよう。そういう話になりうる、というわけです。

電卓を使った少しの計算を行うことで、このように興味深くニュースに対して想像できます。

モチベーションアップのための試算

モチベーションは数字で表現したほうがはるかにアップするものです。だからこそ、体重を記録して日々行った施策や運動量をメモしていくだけで、ダイエットする方法も成立するわけです。

ここでは電卓を使って、ちょっとモチベーションを上げていきましょう。ここでは仕事を例にとります。

1：野望を足し算する

まず、モチベーションアップとは要するに野望です。ここでいう野望とは身の丈を超えた大いなる望みのことをいいます。

身の丈を超える大いなる望みがないと、そもそも頑張って動くのは難しい、というわけですね。現代を生きる人々には野望は悪とまでは言わないまでも忌避されていますから、当然その結果はそもそも頑張って動くのは難しいというわけです。今の人に高いモチベーションを期待するのは本来難しいわけですね。

野望を辞書で引くと、そもそもの第一義として主君などに背こうとする望み、とありますから、経営者や為政者にとっては野望のある人は使いづらかったんだろうなあというのが推測されます。とはいえ、経営者や為政者の都合のいい存在であり続けるのは御恩と奉公が釣り合ったときだけです。自分の給料を見て、釣り合っていないと思ったらモチベーションを上げましょう。

モチベーションアップ第一の方法は、買いたいものをリスト化する、です。もちろん買い物でなくてもかまわなくて、夢とかアクティビティでも全然構いませんが、関数電卓を使う以上は数字に変換しないといけません。ここでいう数字とはお金、または時間をいいます。

ほしいものをリストにしたら、各項目にお金と時間を書いていきましょう。たまにお金しか書いていないで、車を買ったもののそれを乗りこなす時間がなかったという人も多いので、できれば両方計算してほしいです。

他人の夢（または買いたいもの）を聞いて自分のリストに入れるのも有効です。恋人や配偶者、子供の夢をリストに入れておくと、てっとり早くモチベーションアップに繋がります。人間、自分のためだけで生きていると思ったら大間違いなのです。

さてこうしてでき上がったリストの時間とかお金を足し算しましょう。電卓で計算する必要があるくらいリストがあるのが望ましいです。合計値が今の給与や余暇ではとても足りない、という水準になったらまずは成功です。それがすなわち野望なのです。身の丈に合ってないですよね？

これを叶えるために頑張るのがモチベーションアップになります。

もちろん話はここからが本番です。足し算しただけで関数電卓をしまわないでください。

2：成功体験を増やす

次に、モチベーションをアップするには成功体験がないといけません。リストの一部のうち、単に自覚していなかっただけで、実はすぐにもやれそうなことをやりましょう。その分野望は目減りしてしまいますが、まずは自分がやってやったという自信がなければいけません。

3：段取り表を組む

その次、十分成功体験を積んだら、次は野望を実行するための段取りを立てないといけません。野望というものは動かなければ叶わないものばっかりです。身の丈に合っていないのですから、当然ですね。

段取りとはことの順序、方法を定めることをいいます。リストをさらに再分割というか、項目ごとに別のリストを作って、段取り表を組みましょう。たとえば恋人がほしい、という野望があるのなら、それに対して順序や方法を立てないといけません。大きな犬と生活したい、というような夢でも同様です。やっぱり段取りがいります。各項目に予算や時間（見積もり）が立ちます。

たいてい、厳密に計算すると時間も予算も膨れ上がります。思いのほか夢を叶えるのは大変だったと思うこともあるでしょうが、それでいいのです。それは夢に一歩近づいた証拠であり、近づいたがゆえに詳細が見えるようになっただけです。登る山に近づいてきて、ルートが読めるようになった、と考えてください。

4：時間とお金をやりくりする

当然、リストは更新されて野望は大きくなったと思います。次に時間とお金をどうするかを考えましょう。

このときに大事なのは、やりくりでどうにかしようと思わないことです。第1章で捻出できるお金とかを計算したと思いますが、大した金額にはなりません。時間も同様です。身の丈を越えている野望を叶えるためには生き方を大きく、大胆に、積極的に変えないといけません。生き方を変えるということを、人はモチベーション（意欲）が高いというのです。

たとえば恋人がほしい。段取りしたところ2,000時間と1,000万円が必要だったという野望があったとします。どんな高い恋人なんだろうと思う人も多いと思いますが、きっと高嶺の花かなんかなんだと思います。5年でこれを叶えたい。

当然5年先は物価上昇がありうるわけですから、1,000万円よりも高い額になるわけです。複利計算で計算しましょう。物価上昇率2％なら、1.02^5で計算できます。答えは1.104ですから1,104万円くらいは必要になるわけです。年で割ると220.8万円くらい費やしたい。時間も計算してみましょうか。5年なら2,000÷5で500、年に500時間は費やさないといけないわけです。

年収を220万円アップする方法を考えましょう。そういう話をするとすぐに無理だ、という返事が返ってくることがあります。このとき重要なのは直感で答えを出さないことです。最低でも関数電卓で答えを出してください。

実は、意外に何とかなった夢というのはこの世には溢れていまして、これは歳を取ると負債になって後悔とか愚痴とかあいつはうまくやりやがってとか、あげくに運がなかったとかの認知のゆがみに発展していきます。この際モチベーションがどうこうはおいといても、後悔を減らすために一度はきちんと検討しましょう。

さて例に戻ると、年収220万円アップ、現状が年収340万円の若者だったとすると、560÷340ですから、1.647倍の年収アップ、という話になります。これをやりくりで満たすのはまあ普通は無理です。できたらその手法を本にして売ることだってできるでしょうが、普通は真似のできないことだと思います。

ここで関数電卓の出番です。思いつく限りの対応手段を書いて、評価をしていくことになります。転職を検討して年 +20万の仕事を見つけた。評価は × (バツ)、理由は20×5では100万にしかならず、リスクがそれを上回るから、とかです。給料の自然増を見込んで転職しないケースの計算と比較してみるのもいいでしょう。4％の賃上げをしている、というのならこれまた複利計算で計算ができます。

モチベーションアップのコツは、できることでやりくりしようとしないことと、逆算です。結局モチベーションアップとは今の自分を大きく変えることも意味していますから、例でいくと「年収560万円の仕事はなんだろう？」で今の自分とは縁のなさそうな求人を見て回るのもひとつの手だったりします。

ほかにも副業とか株式投資とか、計算すべき余地はたくさんあります。経済運営が適切なら、物価上昇率と同等かそれ以上の株式相場の上昇になるわけですから、まったく不可能、という話でもありません。

現状は人口減少の中での空前の人手不足であり、足りないものは値上がりするという経済の教科書通りの展開になります。俯瞰で見ると、技術開発……AIの発展やロボットなどの技術による自動化が進んでいくと思いますが、それらが出揃うであろう未来までは人間の力でギャップを埋めなければなりません。

少ない人口で今の人手不足を補うために副業という名前のダブルワークなどが標準化するでしょうし、もっというと、転職という形が増えると思います。労働人口はどんどん待遇のいいところに流れていくでしょう。これはもう間違いないところです。

ここで繰り返しになりますが、重要なのは比較と評価です。仕事にせよ年収アップの手段にせよ、野望のために必要なお金や時間を作るために、どういう手が取れるのかを数値化して比べることが重要になっていきます。関数電卓の出番です。

手段の評価関数

あなたに合った手段を選ぶために、手段の評価関数を作りましょう。イメージはある手段を函（はこ）（関数）に入れたらスコア（評価）が出てくる装置です。数式としてY= ホニャララみたいなものである必要はないので、まずは自分に合った評価関数を作りましょう。

そのために重要なものは二つ。手段の評価軸、評価軸×評価で出た数値の変換です。

たとえば転職を年収アップの手段とした場合を例に取ると、求人情報をいくつかの評価軸で評価しないといけないでしょう。勤務地までの通勤時間もそうですし、手取り額やボーナスなどの値をそれぞれ評価することになります。どの項目が自分にとって重要なのかを整理して、リストにしていきましょう。
私の場合を例に取ると、中小企業に勤めていた関係で昇進人事が滞っていて、部下を引き上げようにもポストがなくて心苦しく思っていました。そこで、辞めて席を譲ることにしました。当時の社長に相談したらたいへん嘆かれましたが、さておき、次の仕事を選ぶときに評価関数を作りました。

最初は評価軸を作ります。私の場合は普通とだいぶ違う評価軸でした。

・その企業は三代以上続いている（出世や引退が正常化している点を評価しているわけです）
・年収はこの際どうでもよい（作家として儲かりはじめていたので……）
・勤務時間にうるさいほどよい（なあなあで仕事したくありませんでした）
・自分のスキルを活かす（私はゲームデザイナーでした）

これらで評価関数を組んだわけですね。
これらをどういうスコアに評価して、最終評価をどう計算するかを考えていくわけです。

たとえばこの項目、

・その企業は三代以上続いている（出世や引退が正常化している点を評価しているわけです）

これは冷静になって考えてみると、五代でも十代でもいいわけで、老舗ほどいいかというと、そういうわけでもありませんでした。ですから3を境に頭打ちするようなグラフを描く関数がいいなあと思ったわけです。こういう頭打ちグラフといえば双曲線関数のtanhです。3を超えるあたりで頭打ちするちょうどよい数値です。これをそのまま使いました。

次に、

・年収はこの際どうでもよい（作家として儲かりはじめていたので……）

という評価軸については、とはいえ金額をまったく無視するのも危ない企業を引いてしまいそうだったので、年収金額の√を評価にすることにしました。

300（万）なら $\sqrt{300}$ で17.321。500（万）なら22.36、という風に数値が穏やかになります。差が縮まるように、しかし残るように評価関数を作ったわけです。

・勤務時間にうるさいほどよい（なあなあで仕事したくありませんでした）

こちらは10段階で評価後、1.5の評価乗でスコアを出すことにしました。評価3なら$1.5^3 = 3.375$、評価7なら$1.5^7 = 17.086$という塩梅です。

こちらはうるさいほどいいので一段階の評価の違いが激しくなるようにしています。

・自分のスキルを活かす（私はゲームデザイナーでした）

最後にこれですが、募集がゲームデザイナー以外なら0とする、0か1の評価にしました。

さて、これらの評価軸でスコアが出たら、これらを統合して最終評価を出さないといけません。私の場合はゲームデザイナー以外の仕事を希望していないので、最後の項目は掛け算にしています。これで、その他の評価軸の評点がいくら高くてもゲームデザイナー以外の職種の場合は最終評価が0点になります。

最終評価 ＝ 自分のスキルを活かす（1か0）× 他の評価の合計

それで試算した結果、勤務時間にうるさい部分の評点が低めになってしまうことがわかりました。そこでこの評点は ×2倍にすることにしました。

最終評価 ＝ 自分のスキルを活かす（1か0）×（勤務時間にうるさい部分の評点×2＋他の評価の合計）

という感じです。

これも、テストすると三代以上続いている部分の数値が低くなりがちなので、出た数値を増幅させるために2乗にしたあとさらに ×20倍にしています。
　最終的にはこうなりました。

最終評価 = 自分のスキルを活かす（1か0）×{(勤務時間にうるさい部分の評点 ×2+ 年収はこの際どうでもよい（$\sqrt{年収}$）+ その企業は三代以上続いている（代数^2×20)}

　これであとは面接を受けて、評価を決めていきました。企業が選ぶのではなく自分で選んで、採用していただいたけれど条件の合わない会社にはお祈りの手紙を送りました。狭い業界なので後に笑い話にされましたが、今思えば恨まれないでよかったと思っています。
　ここまで見てきたようにグラフの利用も重要です。グラフの形がわかれば、それをもとに既存の関数を当てはめることができるわけです。

終わりの前に

　さて、長いような短いようなこの本もいよいよ終わりです。ここまで読んでいただき、ありがとうございました。
　ここまで読んで「この本の価格」は変わりましたか？ぜひ計算してみてください。変わっていないとか、下がったとかだったら本当にすみません。
　自分が使える、使えそうな計算式は見つかりましたか？　ないなら作りましょう！
　数学が苦手、あるいは計算が習慣になっていなかった皆さんの、考え直すきっかけになったら幸いです。
　願わくば皆さんの考えや行動に良い影響を与えることができたら、幸甚です。
　皆様の成功はいつか、巡り巡って私のところにも返ってくるでしょう。

あとがき

ゲームのため、あるいはそれぞれの幸せのため、ファンに関数電卓の説明やオススメをすることは多いのですが、今回それらを本にすることができました。

関数電卓の本、いかがでしたか。数学を忘れた人向けの電卓の本ということで、結構な変わり種でもあり、背景を説明するためにかなりの紙幅を費やしたり、それでいて数学の計算法については基本的に書かなかったりと、随分冒険的な構成になっています。どうしてそのようにしたのかは、最初に説明しておりますので、忘れている場合はもう一度読んでいただければと思います。

この本は一度読んで終わり、という本ではありません。願わくば、の話ではありますが、何度か読んだり、あるいはかたわらに置いて関数電卓を使うときのヒント集になればいいなあと思って書いています。

最後になりますが、謝辞を。

この本を読んでくれた皆様、変わった企画をお許しいただいた早川書房の新書編集部の皆様、助っ人編集をしてくれた平林緑萌さん、みなさんのおかげで出すことができました。ありがとうございます。

2024年2月うるう日　芝村裕吏

編集協力／平林緑萌

著者略歴

ゲームデザイナー、作家。熊本県出身。米国の大学で数学を学ぶ。陸上自衛隊を経て、アルファ・システム入社。『高機動幻想 ガンパレード・マーチ』が高い評価を得る。のちベックを経てフリーに。『マージナル・オペレーション』で本格的に作家活動を開始。その他の代表作に『刀剣乱舞』などがある。ネット上でも不定期に『電網適応アイドレス』などのゲームを開催し、プレイヤーから多くのクリエイターを輩出している。

ハヤカワ新書　027

関数電卓(かんすうでんたく)がすごい

二〇二四年六月二十日　初版印刷
二〇二四年六月二十五日　初版発行

著者　芝村裕吏(しばむらゆうり)
発行者　早川　浩
印刷所　株式会社精興社
製本所　株式会社フォーネット社
発行所　株式会社　早川書房
東京都千代田区神田多町二ノ二
電話　〇三‐三二五二‐三一一一
振替　〇〇一六〇‐三‐四七七九九
https://www.hayakawa-online.co.jp

ISBN978-4-15-340027-6 C0241

未知への扉をひらく

「ハヤカワ新書」創刊のことば

誰しも、多かれ少なかれ好奇心と疑心を持っている。

そして、その先に在る納得が行く答えを見つけようとするのも人間の常である。それには書物を繙いて確かめるのが堅実といえよう。インターネットが普及して久しいが、紙に印字された言葉の持つ深遠さは私たちの頭脳を活性化して、かつ気持ちに余裕を持たせてくれる。

「ハヤカワ新書」は、切れ味鋭い執筆者が政治、経済、教育、医学、芸術、歴史をはじめとする各分野の森羅万象を的確に捉え、生きた知識をより豊かにする読み物である。

早川浩

ソース焼きそばの謎

塩崎省吾

お祭りで食べる
「あの味」の意外な起源

なぜ醤油ではなくソースだったのか？　発祥はいつどこで？　謎を解くカギは「関税自主権」と「東武鉄道」にあった！　全国1000軒以上の焼きそばを食べ歩いてきた男が、多数の史料・証言と無限の焼きそば愛でソース焼きそばのルーツに迫る圧巻の歴史ミステリ

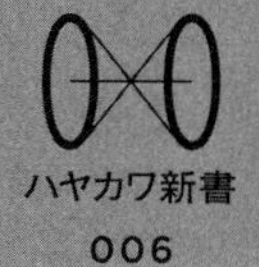

ハヤカワ新書
006

散歩哲学

――よく歩き、よく考える

島田雅彦

十条・池袋・高田馬場・阿佐ヶ谷・登戸・町田・新橋・神田・秋田ほかを歩きのめす！

人類史は歩行の歴史であり、カントや荷風ら古今東西の思想家・文学者も散歩を愛した。毎日が退屈なら、自由を謳歌したいなら、インスピレーションを得たいなら、ほっつき歩こう。新橋の角打ちから屋久島の超自然、ヴェネチアの魚市場まで歩き綴る徘徊エッセイ

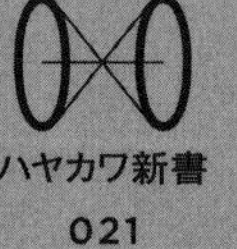

ハヤカワ新書
021

宇宙の超難問　三体問題

M・ヴァルトネン、J・アノソヴァ、
K・ホルシェヴニコフ、A・ミュラリ、
V・オルロフ、谷川清隆
谷川清隆監訳／田沢恭子訳

SF『三体』とあわせて読みたい！
宇宙の難問に挑んできた科学者たちのドラマ

劉慈欣のSF大作『三体』に登場し、一躍知られるようになった天体物理学の難問「三体問題」。ピタゴラス、ニュートン、ポアンカレ……名だたる科学者たちを悩ませ魅了してきた宇宙の謎と、その解明を目指した人類の歩みの全貌を描いた科学ノンフィクション。

ハヤカワ新書
022

AIを生んだ100のSF

大澤博隆監修・編
宮本道人、宮本裕人編

暦本純一、松原仁、坂村健、川添愛ら一流の研究者が数々のSFの名作と共に語りつくす、AIのこれまでとこれから

『2001年宇宙の旅』、『ブレードランナー』、『攻殻機動隊』――AI研究者にインタビューを重ね、SFがもたらした影響を探った〈S-Fマガジン〉の連載企画「SFの射程距離」。生成AIが飛躍的な進化を遂げたいま、松尾豊×安野貴博の対談など数篇を追加し書籍化。

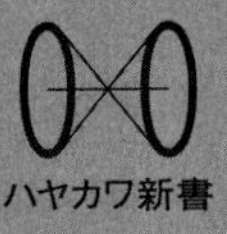

ハヤカワ新書
023